融媒体 H5 内容
策划与制作
工作手册式

主　编　师　静
副主编　曹　岩　　陈富豪

北京理工大学出版社
BEIJING INSTITUTE OF TECHNOLOGY PRESS

图书在版编目（CIP）数据

融媒体 H5 内容策划与制作 / 师静主编. -- 北京 ：
北京理工大学出版社，2024.2
ISBN 978-7-5763-2820-2

Ⅰ. ①融… Ⅱ. ①师… Ⅲ. ①网络营销 ②超文本标记
语言-程序设计 Ⅳ. ①F713.365.2②TP312.8

中国国家版本馆 CIP 数据核字（2023）第 158558 号

责任编辑：王梦春　　　**文案编辑**：邓　洁
责任校对：周瑞红　　　**责任印制**：施胜娟

出版发行 / 北京理工大学出版社有限责任公司
社　　址 / 北京市丰台区四合庄路 6 号
邮　　编 / 100070
电　　话 / （010）68914026（教材售后服务热线）
　　　　　　（010）68944437（课件资源服务热线）
网　　址 / http://www.bitpress.com.cn

版 印 次 / 2024 年 2 月第 1 版第 1 次印刷
印　　刷 / 唐山富达印务有限公司
开　　本 / 787 mm×1092 mm　1/16
印　　张 / 15
字　　数 / 290 千字
总 定 价 / 90.00 元

序言

移动互联网、大数据、5G、人工智能、云计算等新技术的推陈出新给新闻出版行业带来了巨大的挑战，也带来了难得的发展机会。以"媒体融合元年"2014年为起点，媒体融合正式上升为国家战略，我国的媒体融合已经走过了近10年，正沿着国家顶层设计的指引进行创新性、系统性的实践与发展。在社会多重要素的驱动下，我国媒体融合逐渐转向高质量发展的组织架构、盈利模式、产业功能、技术格局，诸如地市级媒体出版融合发展、技术与内容深度融合、虚实相生的智能技术、链接万物的泛在传播等，都成为当今媒体深度融合的显著特点，打造"新媒融、媒资融、采编融、服务融、管理融"的融合体系也成为当下新闻出版行业的重要工作与任务。

2022年10月，党的二十大报告提出："加强全媒体传播体系建设，塑造主流舆论新格局"，对媒体深度融合、创新发展提出了新要求。在2023年3月召开的第十四届全国人民代表大会中，"扎实推进媒体深度融合"被首次写入政府工作报告，目前已逐步形成了覆盖中央级、省级、市级和县级的四级融合发展布局，中央级媒体引领顶层设计、省市级媒体打造中流砥柱、县级融媒体中心助力脱贫攻坚。

在媒体出版深度融合发展的过程中，各类新技术的赋能使内容的表现形式和方式更加多样化，其中将低成本、跨终端、跨平台、强交互、融媒体、轻量化、不需要安装等优点集于一身的H5互动新闻受到了各大媒体和新闻出版工作者的青睐。为适应媒体出版融合发展的时代背景和发展趋势，自2018年起，中国新闻奖设立并持续完善媒体融合类奖项，第28届新闻奖互动类一等奖获奖作品《"军装照"H5》一经问世便受到人们的欢迎。

加强全媒体传播体系建设，需要以人才队伍建设为抓手。将媒体融合的发展规律与人才发展规律有效结合，打造能够适应社会主义现代化要求和目标的人才队伍，是我国全媒体传播体系建设的重中之重。融媒体人才是新闻生产全流程、全介质、全终端、全融合的"把关人""执行人"，也是实现媒体宣传效果最优化和最大化的核心竞争力。全国高校相关专业需立足行业需求，深化教学改革，培养合格的融媒体人才。

近年来，我国大力发展职业教育。在此背景下，职业院校新闻传播、数字媒体等相关专业持续推进教师、教材、教法"三教"改革，将新闻知识与媒体技术结合，培养具备全媒体素养的技能型融媒体应用人才。各大院校重视教师队伍建设，提高教师的融媒体素养和实践能力，确保教学质量和培养效果。增加实践环节，加强实习和实践教学，提高学生的实际操作能力和创新能力。建立企业与院校合作机制，加强与媒体企业的联系，开展实践项目和双向交流，促进人才培养与产业对接。

教材是教学内容的支撑与依据，是进行课程改革的重要载体。但我国的新闻类教材在一定程度上仍存在重理论、轻实践、知识更新慢、配套资源不足、缺乏科学的评价标准等问题。在媒体出版深度融合发展与职业教育改革的形势下，针对行业需求，师静、曹岩、陈富豪同志编写了这本教材，教材紧紧把握融媒体时代发展需求与趋势，以融媒体 H5 策划与制作为主要内容，发挥校企双元组合优势，用理论+策划+实操的形式，打造职业教育"三教"改革背景下的新型活页式教材。

本教材突出"职业性、系统性、创新性"的特点，深化教材改革与创新。教材开发主体校企双元化，将企业专家纳入教材的编写和指导中，把媒体实践经验融入到知识与项目中。教材内容模块化，融媒体 H5 理论知识、操作技能、思政素养、职业规范等均被有机整合到学习项目中，教材正文与任务工单活页构成完整的教学体系，循序渐进地提升学习者的融媒体职业能力。学习情景系统化，各学习项目中设置真实的媒体工作情境，对接岗位，传递有效的教学信息。教材形式立体化，突破传统的纸质版教材，结合信息化技术配有网络学习资源库，有利于教师开展线上线下混合式教学，可以满足学生移动学习、个性化学习的需求。

作为媒体出版行业转型发展的亲历者，我相信这本特色突出的活页式教材对于应用型本科、高等职业院校和中等职业院校相关专业实践课程的开设能够提供一定的帮助，希望以此为契机来促进我国新闻出版职业教育的改革与发展。

是为序。

中国编辑学会会长

前 言
Foreword

2014 年以来，我国媒体融合不断深化发展。2018 年中国新闻奖设立并持续完善媒体融合类奖项以来，大批高质量的 H5 新闻如雨后春笋般涌现。随着互联网与媒体技术的发展，H5 新闻凭借"强交互"与"融媒体"两大特点成为融合新闻报道创新的重要类型，这类交互融媒体作品已由最初的媒体"特色菜"，变为报道"家常菜"。通过对各类媒介元素的合理配置，改变了以往网络新闻作品中文字、图像、视频、音频等简单叠加的粗放状态，动画、超链接、虚拟现实、增强现实、手势交互等技术使新闻内容与表现形式更加丰富多彩，更好地融为一体。各大媒体在人员招聘时也往往会明确指出需要具备融媒体 H5 作品的策划与制作能力。

本教材正是在媒体深度融合发展、融媒体人才紧缺和产教融合的背景下开始策划编写的。教材编写团队校企双元组合，师静主编不仅是北京青年政治学院新闻采编与制作专业创办人，还是北京市职业院校专业带头人、北京市教学创新团队负责人，而且担任2023 全国职业院校技能大赛新增加的 GZ085 融媒体内容策划与制作赛项核心专家。副主编曹岩、陈富豪为北京北大方正电子有限公司的业界专家。校企双方共同编写，在依照职业能力标准，对接行业岗位需求，关注学生发展的同时，将新技术、新规范、新要求引入教材，解决了现有同类教材内容陈旧的问题。

北京青年政治学院 2002 年在全国高职院校中率先开办网络编辑专业，之后列为新闻采编与制作专业方向之一。2019 年适应行业发展，将多个专业方向合并后的新闻采编与制作专业，重点突出融媒体特色，2022 年该校以新闻专业为核心的融媒体专业群获批为北京市职业教育特色高水平专业群建设项目。

北京北大方正电子有限公司是中国编辑学会编辑出版教育专委会副主任单位，面向高校积极构建完整的"行业人才培养支撑体系"，推进产教融合与产学合作，助力高校新闻出版领域的专业人才培养。目前，已与全国 300 余所院校在产学研实践合作、课程体系搭建与教材出版合作、专业学科竞赛、专业实验室建设、高校融媒平台建设、教育部产学合作协同育人项目等方面积极合作，成果丰硕。

本教材为新型活页式教材，是职业教育"三教"（教师、教法、教材）改革的重要实践，符合 2023 年 7 月 11 日教育部办公厅发布的《关于加快推进现代职业教育体系建设改革重点任务的通知》指出的 11 项重点任务中"开展职业教育优质教材建设"的要求。针对高职院校"教材形式单一""重理论轻实践"的问题，教材以工作情境设定为引领，以任务驱动为导向，让学生以新媒体编辑的身份在情境中学习，通过循序渐进地实践项目训练，掌握知识，提升融媒体内容策划与制作的能力。

教材主体内容主要分为两部分。第一部分为融媒体 H5 的理论知识，介绍了 H5 的概念、发展、特点和类型，并结合中国新闻奖获奖作品分析了 H5 互动新闻的特点与策划思路。第二部分为融媒体 H5 作品策划与制作实践，根据信息表现形式，分为图文类 H5 作品、音频类 H5 作品、视频类 H5 作品、测试与游戏类 H5 作品、强交互类 H5 作品共五大类。

教材活页任务工单中基于岗位能力分析基础来设计典型工作任务，实现任务多样化。依据工作岗位的内容生产流程，按照作品策划、素材准备、版面排版、交互设计、作品制作、测试发布等融媒体内容生产全流程设置实训项目，基于方正飞翔数字版 H5 制作工具训练学生的作品策划与制作能力。活页部分还增加了案例拓展与分析任务，起到触类旁通，举一反三的作用。

教材充分利用信息技术和大数据资源，在载体设计方面创新表现形式，通过二维码连接纸质教材与数字教学资源，打造动态化的教材环境及支撑体系，建有微课、音视频、动画等各种形式的丰富资源，实现活页式教材可视化、互动化。教材多维度多层次多视角、立体化信息化可视化的呈现形式，能够适应职业院校各类学生不同的认知特点、不同的知识类型和丰富的教学方法要求。

教材突出课程思政，深度挖掘新闻传媒类专业课程的思政元素，将立德树人的育人目标与知识目标、能力目标有机结合起来。H5 新闻案例来自于国家各大主流媒体与网站，央视网关于党的二十大报告解读、人民日报的冬奥主题作品、新华社的建党百年主题作品、各地方媒体与网站的乡村振兴主题作品、传统文化传播作品、节日庆祝作品等等。案例主题积极向上，表现形式多样，有助于培养学生的家国情怀与使命担当，通过融媒体作品训练不仅锻炼职业精神与职业能力，还帮助提升学生的综合素养与社会责任感，提高创新报道思维，促进思考如何创新融媒体表现形式讲好中国故事。

本教材适用于新闻传播大类、文化艺术大类相关专业，如：数字图文信息处理、网络新闻与传播、出版策划与编辑、数字出版、新闻采编与制作、融媒体技术与运营、传播与策划、数字媒体艺术设计、视觉传达设计、广告艺术设计、数字媒体技术等专业。

教材还存在诸多不足之处，融媒体前沿制作技术未能尽在书中体现出来，恳请读者批评与指正。

师静、陈富豪

目 录

Contents

项目一 认识融媒体 H5

项目描述

小王在一家融媒体机构工作，主要负责融媒体作品的策划与制作工作，经常要对该中心的重要主题报道进行 H5 内容产品策划。现在，小王需要了解 H5 的定义和特点及类型，还要学习 H5 优秀案例，然后思考怎样策划和制作包含 H5 内容的产品。

知识目标

1. 了解 H5 的概念、发展、特点与类型。
2. 了解 H5 互动新闻的特点与策划思路。

技能目标

学会分析 H5 案例。

素质目标（思政目标）

1. 理解 H5 用于主题新闻报道的重要意义。
2. 了解主旋律交互融媒体内容的生产与传播方式。

任务一 了解 H5 的发展与类型

任务目标

学习和分析营销界优秀 H5 作品，了解 H5 的概念、发展、特点与类型。

任务分析

1. 了解与 H5 有关的行业背景，知道此概念的广义与狭义的内涵；

2. 了解 H5 传播形态从出现到爆火再进入平稳期的发展，以及 H5 的广泛应用，理解其作为交互融媒体的特点与类型。

行业知识

一、H5 的定义

H5 是由 HTML5 简化而来的，是中国特有的术语，其定义有广义和狭义之分。

（1）广义的 H5：HTML5，是指第 5 代 HTML。

> **HTML5 相关的技术背景：**
>
> HTML（Hyper Text Markup Language，超文本标记语言），这套标记语言是构成网页的基础。1994 年，HTML 由万维网（W3C）发明，后来发展成为网页标记语言的行业规范，用于标记编辑网页框架。人们上网所看到的网页多是由 HTML 写成，浏览器通过解码 HTML，就可以把网页内容显示出来。如今的大多数网页就是由 HTML、CSS（Cascading Style Sheets）、层叠样式表、JS（JavaScript，Java 描述语言）共同编写实现的，这三套计算机语言也被称为构成网页最重要的"三驾马车"。
>
> 1994—2014 年，HTML 完成了 5 次重大升级换代。2014 年 10 月，W3C 工作组正式发布了 HTML5 的正式推荐标准。该标准的确立让音视频脱离了播放器和插件的束缚，在 Web 中的呈现更加便捷，实现更多的人机交互和用户体验形态成为可能。随着移动互联网的兴起，苹果和谷歌联手引领了网页技术，将 HTML5 进行广泛推广应用，HTML5 成为供 PC、Mac、iPhone、iPad、Android、Windows Phone 等电子设备使用的跨平台语言。

（2）狭义的 H5：是指用 HTML5 语言制作的数字内容产品，特指运行在移动端上基于 HTML5 技术的动态交互页面，集文字、图片、图表、音频、视频、动效和交互设计等各种媒体表现方式为一体，经常借由微信等移动社交平台传播。在率先接受并应用这种形式的网络营销界，H5 通常就是指用来进行营销传播的一组手机网页，一组组主题鲜明的网页构成了一个个 H5 作品。

（3）HTML5 的优势：HTML5 在移动互联网时代占据了主流地位，其最显著的优势在于跨平台性，它兼容 PC 端与移动端、Windows 与 Linux、Android 与 iOS，可以轻松地移植到各种不同的开放平台、应用平台上，打破了之前它们各自为政的局面。这种强大的兼容性可以显著地降低开发与运营成本，让企业获得更多的发展机遇。HTML5 具有的本地存储特性也给使用者带来了很多便利，基于此开发出的轻应用比本地 App 拥有更短的启动时间和更快的联网速度，而且不用下载，也就不占用存储空间，特别适合智能手机等移动设备使用。

二、H5 的发展

1994 年，中国全功能接入国际互联网，在近 20 年的 PC 互联网时代，以组合的 Web 网页形式展现的网络专题一直是我国各大网络媒体的主要内容产品形态。2012 年，自我国进入移动互联网时代后，网络专题这种类似传统纸媒以单向传播为主的内容形态逐渐不能适应用户新的需求。移动互联网技术的发展、用户设备转换与微信的普及，不断催生出更多便于人机交互和用户分享的产品形态。

（一）H5 率先在营销界应用

PC 互联网时代，营销界所选择的传统互联网广告与营销方式，如"广点通"等形式成本高昂。而进入移动互联网时代后，网络营销界试图以更低的成本获取更高的收益，不约而同把目标集中在用户自发分享与传播方面。

2014 年，H5 这种更加适合移动端传播的内容产品形态应运而生，它非常便于在社交平台，如微信、微博、QQ 等进行传播，用户通过他人分享的链接进入 H5 网页，查看内容与品牌信息、参与互动活动都非常便捷。网络营销界发现了 H5 的传播优势后，开始应用这种新形式，广泛应用于广告营销与宣传推广，自此，诞生了一个又一个引起大量用户分享的爆款产品。出于宣传品牌的目的，制作精良的 H5 内容产品进入公众视野，并在微信朋友圈等社交平台广泛传播，随之迅速发展起来。

H5 初期应用形态的发展轨迹：

移动端幻灯片——视觉动效设计——交互设计效果

1. 移动端幻灯片

H5 诞生之初呈现出纯静态页面，相当于移动端幻灯片，有一些制作平台提供模板化制作，如用于招生招聘简章、婚礼或各种活动邀请函、电子相册等，个人或各类中小企业都可以利用模板制作图片加背景音乐的移动端 PPT，如图 1-1 所示。这种表现形式与制作方式都很简单，直至 2023 年，还有一些对内容要求不高而且追求性价比的个人和机构仍在使用这种模板化制作方式。

图 1-1

2. 视觉动效设计

在营销界，特别是国际品牌方不满足于简单的移动端幻灯片呈现方式，一些知名品牌，如特斯拉、可口可乐、博柏利等率先设计制作了刷屏级的 H5 产品，成为微信营销的成功案例。特斯拉、可口可乐给 PPT 化的 H5 加入了更多的视觉设计元素，如翻页动画效果设计，从而吸引了大众的目光，如图 1-2 所示。

图 1-2

2014 年，特斯拉品牌营销 H5 以动态幻灯片的形式出现，其精美图片与简单的翻页动画呈现出的效果吸引了大量微信用户的关注。

可口可乐的 H5《分享快乐 128 年》的动效则更进一步，页面上的每个元素都可以动，没有停留在简单的单页翻动，而是更注重页面之间的连接，用一根红线贯穿起所有画面，视觉设计更加流畅统一，如图 1-3 所示。

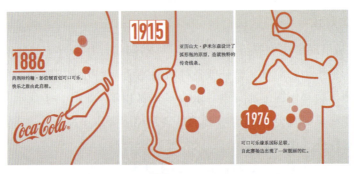

图 1-3

3. 交互设计效果

有的品牌方在动效设计基础上开始注重 H5 的交互设计，以增强用户的参与感，提升用户体验感与分享意愿。例如，博柏利盛典活动宣传 H5《从伦敦到上海》，画面呈现出浓郁的文艺气息，对用户的引导作用很明确，如图 1-4 所示。

（1）需要先"摇一摇"。

（2）单击屏幕，进入油画般的伦敦清晨。

（3）擦除屏幕使晨雾散去。

（4）单击"河面"，河水泛起涟漪。

（5）单击屏幕上的白点，达到终点站上海。

在 H5 发展初期，该品牌方就应用了多种互动方式实现了移动营销多元化的交互设计与用户联动，并取得了成功。

图 1-4

（二）H5 在互联网界与游戏界的应用

2015—2018 年，不仅众多的广告营销公司策划制作 H5 的热情高涨，国内知名互联网公司也纷纷进入该领域。技术人员纷纷开始探索制作具有技术创新性的 H5 产品，创作 H5 游戏，H5 小游戏《围住神经猫》引爆朋友圈，如图 1-5 所示。

图 1-5

网易、腾讯都是互联网界策划制作 H5 的翘楚，它们制作了大量从内容创意到交互设计、技术实现都不断创新的 H5 产品，其中的很多作品引起了用户刷屏。

腾讯 NEXT IDEA 和故宫博物院合作构思的沉浸式动画视频类 H5 作品《穿越故宫来看你》，如图 1-6 所示。

图 1-6

在该作品中，明朝永乐皇帝朱棣穿越到现代，戴太阳镜、唱 Rap、跳骑马舞、发朋友圈、玩自拍、玩 VR，古今冲突感带给用户强烈的冲击力与惊喜。整体风格极具网感，与年轻用户共情，整体节奏把握精准，说唱音乐与画面相得益彰。该作品完全是动画视频展示，不必用户操作交互，但十足的想象力带给用户沉浸式体验，成为刷爆朋友圈的作品。

靠调用用户数据引发情感共鸣的 H5 作品《这一年，网易云音乐陪你温暖同行》如图 1-7 所示，这是网易云音乐 2017 年终盘点 H5，针对每个用户可以生成年度听歌报告。该作品选择了用户感兴趣的数据，如重复收听最多次的歌曲、最晚聆听的歌曲等，从而勾起用户的回忆，让他们感受到来自 H5 出品方的温暖，从而引发共鸣。

图 1-7

加入鼓励机制的游戏类 H5 作品《我为新时代建设添砖加瓦》如图 1-8 所示。

这是网易制作的 H5 小游戏。进入游戏后，会有一面漏洞墙落下，用户需要单击漏洞填上砖，且要在漏洞消失前填上，否则为失败，若不小心点到墙上也会失败。失败后，系统会展示用户的成绩并给出"不服再战""让朋友也玩"的语句。用户完成游戏则可以获得"添砖小白""添砖专家"等称号，可以增加成就感。

图 1-8

在答题类 H5 中，网易也经常融入鼓励机制，如每答完一道题会有碎片奖励，用户会为了收集碎片而完成答题。这种不是为了答题而答题，而是为了完成游戏任务而答题，会让用户更加积极地轻松地答题。

此外，基于各种技术创新的 H5 作品也吸引了大量用户的关注与分享，特定场景照片生成类如高考照、军装照 H5 引发刷屏，虚拟+实景的视频或 VR 应用融入 H5 都令人耳目一新。

网易新闻的 VR 故事类 H5 作品《不要惊慌，没有辐射！》如图 1-9 所示。

图 1-9

该作品运用创新的报道手段、VR 技术和创意，重现 30 年前的切尔诺贝利核反应堆爆炸灾难的场景，让用户借助 VR 设备穿越到事发地"实地探访"。其中有对话有旁白，有对事发前后的纪实性还原，有家庭被瞬间摧毁的伤痛，也有各方应对灾难时的原生态模拟。尤其是对人物形象采用了光绘手法展现，亦真亦幻，强化了无常感，深刻揭示了那些被改变的生命、生活、人性和环境。

（三）H5 在新闻界与其他领域的应用

自 2019 年以来，随着短视频时代的到来，H5 的热度逐渐下降，营销界与科技领域看衰 H5 的声音此起彼伏。但放眼新闻传播、图书出版、教育培训、电子商务等行业，H5 应用其实比之前更为广阔，这项技术已经成为诸多领域里一种常规化的应用与传播方式。

在新闻界遇到热点主题时，创作 H5 互动新闻成为很多媒体的常态。中华人民共和国成立 70 周年、中国共产党建党 100 周年、乡村振兴等报道中都少不了 H5 这种形态。2018 年，中国新闻奖中增设了融合报道奖，H5 互动新闻占了其中很大的比例。这部分内容参见教材的项目一任务二，在此不再赘述。

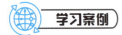 **学习案例**

《还记得爱本来的模样吗?》

在 2018 年世界读书日来临之际，各大互联网公司借势营销，阿里巴巴、腾讯、一点资讯等品牌都抓住了共鸣、公益等突破点，促进用户分享，借机扩大自身品牌知名度。腾讯在世界读书日召开腾讯新文创生态大会，为此制作了主题为《还记得爱本来的模样吗?》H5 邀请函，如图 1-10 所示。请扫描二维码观看相关内容。

图 1-10

案例分析

1. 选题创意

腾讯新文创生态大会是腾讯公司为推动"新文创"行业分享与交流而主办的年度文化盛会。大会汇聚了全球文化创意各领域的杰出创作者和经营者，分享文化创作的心得与前瞻理念。腾讯为此制作的 H5 邀请函与此次大会的"向爱而生"主题相得益彰，作品选取了几部经典文艺作品中的点睛之笔作为内容，贴合书籍与文创的大会核心，借世世界读书日之机营销传播，创意角度十分巧妙。

2. 作品结构

H5 作品共分为 3 个部分：①封面；②主体部分：与文艺作品有关的 6 幅画面；③大会信息，如表 1-1 所示。

表 1-1　H5 作品的 3 个部分

作品结构	策划逻辑	各部分内容
第 1 部分	封面	文案："一切从此刻开始"，单击按钮
第 2 部分	主体部分：与文艺作品有关的 6 幅画面	通过 6 个关键词"牵挂""依恋""守护""故土""自由""生命"，展示了 6 幅画面。"牵挂"：通过朱自清的《背影》中父亲的画面展现；"依恋"：通过电影《La La Land》（爱乐之城）中的画面展现；"守护"：《木兰辞》中的花木兰来呈现；"故土"：肖邦心脏存放处所刻铭文；"自由"：梵高作品《亲爱的提奥》中的画面；"生命"：《重修莫高窟佛龛碑》的九色鹿形象
第 3 部分	大会信息	展示邀请主题"腾讯新文创生态大会"的时间和地点，还有参会嘉宾等信息，单击相关按钮可以跳转到官网

3. 交互设计

单击封面"一切从此刻开始"中的点，开启画面后，用户便会听到"嘀嗒"一声水声，而后依次播放"牵挂""依恋"的画面；通过横向滑动屏幕进入"守护"画面；进入"故土"画面单击屏幕 7 下，依次听到 7 个音符，再继续播放"自由""生命"的画面。

4. 用户体验

作品通过选取一系列经典文艺作品中的点睛之笔吸引用户眼球，呈现给用户的有耳熟能详的经典语句与场景，如朱自清《背影》中"我去买几个橘子，你就在此地，不要走动"。也呈现了梵高名作《亲爱的提奥》的浪漫画面，以及"当我画一个男人，我就要画出他滔滔的一生"这样即使未曾见面，一见就可倾心的文字。这些来自名著的语句和场景会唤起人们内心深处对爱的本质的共鸣，再配合作品唯美的画面与音乐，可以给用户带来良好的体验与享受。

> **? 思考与讨论**
>
> 　　学习上述行业知识与 H5 作品后，请思考并分组讨论：H5 内容产品有什么特点？大家可以从信息形式、设计方式、传播手段等方面思考；同时，请自行寻找优秀的 H5 作品进行案例分析。

📋 学习知识

一、H5 内容产品的类型

（一）按照页面规格，H5 内容产品可分为标准页面、长页面、一镜到底、3D 全景类等。

1. 标准页面

标准页面是最常见的翻页 H5 形式，单页的内容能够在一块屏幕大小的区域内呈现，通过上下翻页的方式查看作品的完整内容。大多数标准页面 H5 是竖屏的，本教材前文中提到的案例都是标准页面竖屏作品。

另外，也可以制作标准页面横屏作品，如人民日报新媒体在抖音上发布的《2022 冰雪动物城》以卡通小动物在冰雪城参加体验项目为例介绍了 5 种冰雪项目，如图 1-11 所示。

图 1-11

2. 长页面

长页面是指在一个页面内可以通过手势上下滑动，查看超过一块屏幕大小的内容，类似微信公众号文章，通常只有一页，但也可以有多个页面。画面滑到对象位置时播放动画，基本能够实现所有互动效果。

长页面和标准页面一样，横屏竖屏都可以浏览观看，如中秋节 H5《小兔子回家啦》是有 7 个页面长度的竖屏长页面作品，如图 1-12 所示。

图 1-12

在目前的长页面 H5 作品中，横屏长图类更为主流，如 2022 年央视网与网易新闻合作推出的 H5 作品《二十大报告@你》，如图 1-13 所示。作品首先翻页快闪，让用户领略中国近 10 年取得的伟大成就。然后进入横版长图，内容非常丰富，包含了民生的各个方面，用户可以点选查看，最后生成海报，长按保存，单击相关链接可以跳转至央视网关于二十大报告内容页面。

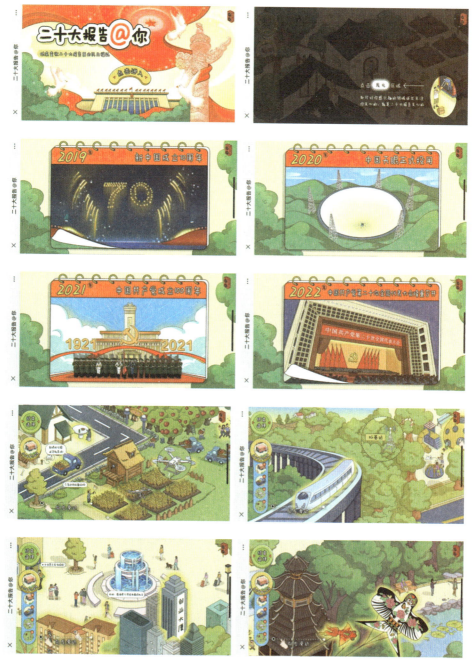

图 1-13

3. 一镜到底

一镜到底类似长页面，但动画的触发机制与长页面不同，一镜到底是将页面长度与动画时间轴进行关联，如100px的长度关联到100秒的时间轴上，滑动10px页面即代表动画播放了10秒，向回滑动页面动画会倒放。一镜到底通常支持的互动类型为音视频、按钮。

劲牌与网易新闻合作的毛铺年份匠荞酒品牌宣传H5《一眼千年，探源中华文明之精髓》，以"和"为主题，展示品牌精神。该作品使用了一镜到底方式，首屏提示用户向左滑动，在不断滑动中，从上古、春秋、战国、汉、唐到现在，介绍了中华"和"文化，如图1-14所示。

图 1-14

4. 3D 全景类

在H5中加入3D建模技术可以使H5页面拥有更佳的展示效果。展示型H5融合3D技术可以全方位为用户展示内容；互动游戏H5融合3D形式能够给予用户更好的游戏体验。

中国邮政储蓄银行和网易新闻联合推出的公益环保创意H5《绿色星球生活指南》，作品以全景360度模式呈现了绿色3D可交互星球。星球默认低速旋转，太空中有流星不时划过。星球上分四部分：乡村理想之森、海洋蔚蓝之境、城市未来之都、天空云海之城。在三维空间中，用户可以放大、缩小、旋转、点击，体验更加生动有趣。如图1-15所示。

图 1-15

（二）按照应用行业与领域，H5 产品内容可分为营销类、新闻类、文化类、教育类、游戏类等多种类型，所对应的市场营销、新闻媒体、文化机构、教育培训与科技、游戏界等各行业制作与应用 H5 较多。

1. 营销类 H5

企业出于品牌宣传、产品营销、广告活动等目的而策划制作，如前述的特斯拉、可口可乐、劲牌毛铺草本年份酒等案例。

2. 新闻类 H5

各媒体机构为了新闻宣传目的而制作，特别是在进行重大事件或重大主题报道时，很多媒体会使用 H5，如前述的人民日报、央视网、网易新闻所做的新闻类 H5。

3. 文化类 H5

各类文化机构围绕某个文化主题，策划制作 H5 作品以达到文化传播的目的，如前述的腾讯为读书日所做的《还记得爱本来的模样吗?》以及与故宫博物院共同制作的《穿越故宫来看你》都属于文化类 H5。

4. 教育类 H5

教育培训机构应用 H5，不仅可以进行教育培训行业的招生宣传、活动通知，还可以用于测试答题、制作生动有趣的电子化教辅与练习资料。例如，世界知识出版社制作的 H5 英语教辅材料，如图 1-16 所示。

图 1-16

5. 游戏类

游戏类也是应用较为广泛的一类 H5。和游戏 App 相比，游戏类 H5 的文件通常较小，不用安装插件便可以在 Web 浏览器中直接运行，通过网页链接直接访问，也可以嵌入到其他网页或社交媒体平台中，运行非常方便。例如，前述的《围住神经猫》《我为新时代建设添砖加瓦》都是游戏类 H5。

游戏类 H5 中有拼图、答题、解谜、碰撞、接物等各类小游戏。

其他类型的 H5 可以嵌入小游戏，通过更强更有趣的交互设计提高用户的参与度及代入感，在视觉、听觉和用户体验上呈现出更强的感染力和吸引力。

（三）按信息表现形式，H5 内容产品分为图文类、音频类、视频类、测试与游戏类、强交互类等类型。本教材的操作部分各项目均按照此方式分类。

二、H5 内容产品的特点

1. 融媒体

H5 页面可以融合多种媒体形式，如文字、图片、音频、视频、链接等多种形式，这些形式都是典型的融媒体内容产品。H5 内容产品中素材类型丰富，H5 支持预加载功能，在用户单击之前就完成了页面的加载，保证了阅读的流畅性，特别是保证了音视频等多媒体的正常播放。

2. 强交互

H5 页面支持实现丰富的交互效果，包括单击、长按、拖曳、滑动、擦除等多种形式，还可以调用用户头像、昵称、照片等信息，支持用户填写数据与信息并进行分享。H5 具有强大的交互应用和数据分析功能，能够提高用户的体验感，促进文化传播。

3. 高动效

H5 页面支持高度灵活的动画特效，通常可以在移动端滑动翻页，大量文字或图片会自动加载出来。其页面中的文字、图片、按钮等元素页都可以设置多种多样的动画效果，以视觉化动态方式呈现内容，增强可视化效果，提高页面的吸引力和可读性，使用户在阅读内容的同时欣赏到页面动态视觉之美。

4. 跨平台

H5 具有灵活的跨平台性，适用于移动端和 PC 端等多种设备，不需要安装软件，就能够实现在不同设备上跨终端多界面流畅展示。H5 应用的入口不仅仅包括微信等社交媒体，还包括浏览器、搜索引擎、应用程序等，具有移动端自适应能力，H5 页面非常适合通过手机展示分享，会根据不同的手机屏幕规格进行适配，以使不同设备的屏幕拥有最佳显示效果。

5. 低成本

（1）开发成本低：制作相对简单，不需要太高的技术门槛；制作周期短，能够让更多用户参与。

（2）H5 推广成本低：通过互联网直接传播，只需要发出一条链接或者一个二维码，就可以直接在社交媒体社群、推文或朋友圈宣传，有利于扩大传播范围，降低推广成本。

三、H5 内容产品制作方式

H5 制作方式主要有两种：代码制作与工具制作。

1. 代码制作

对于专业程度与实现效果要求很高的 H5 项目，往往需要程序工程师根据项目需求编写代码来实现。有些机构遇到重大项目时会请技术公司进行定制开发。例如，人民日报、新华社等主流媒体经常与网易、腾讯合作，针对某一选题专门进行程序开发，通过技术实现 H5 内容产品制作。

2. 工具制作

对于大多数的 H5 项目，不需要进行程序开发，利用现有的 H5 制作工具就可以实现 H5 制作。这种方式制作过程更为简单快捷，所需成本比代码制作更加低廉，性价比更高。H5 制作工具又可以分为普通类与专业类。

（1）普通类：易企秀、MAKA、兔展、人人秀、凡科网等。这些工具操作简单，好上手，适合个人用户与广大中小企业制作活动通知、邀请函和宣传资料使用。

（2）专业类：方正飞翔数字版、木疙瘩、意派 360、iH5 等。这类工具比普通类专业性强，可以实现的效果更丰富，通常需要进行专项学习才可以上手，更适合专业设计团队与制作人员使用。

方正飞翔数字版更多应用于新闻媒体、图书出版与文化领域，本教材中操作部分的讲解采用的就是该制作工具。

任务成果

《时间格子计算器案例分析》如图 1-17 所示。任务成果请扫描二维码观看。

《时间格子计算器》案例分析

图 1-17

案例分析

1. 选题创意

2022 年春节来临之际，网易文创旗下的哒哒工作室联合汽车品牌卡罗拉-锐放，创作了以"时间格子计算器"为主题的问答互动式 H5，如表 1-2 所示。作品将时间视觉化，让用户估算自己在刚刚过去的 2021 年全年时间分配情况，生成海报，促进分享与品牌传播。

2. 作品结构

H5 作品加载页进行了主题设置，除此之外正文部分共分为 6 个部分：①封面；②文案引导页；③用户问答；④输入姓名；⑤过渡文案；⑥生成海报。

表 1-2 "时间格子计算器"全年时间分配

作品结构	策划逻辑	各部分内容
加载页	时钟动画	时钟指针旋转，显示加载进度 100% 然后进入首页
第 1 部分	封面	标题：2021 年度格子计算器； 背景图元素：人物、计算器与对应后面题目的手机、电脑、爱心、宠物等； 按钮：上划开始计算
第 2 部分	文案引导	文案：如果把一年分割成 365 个格子，才发现被量化的日子是如此短暂。这些格子承载着你的故事和回忆，喜怒和人生。愿我们能对时间多些敬畏，珍惜每一份爱和真诚，让路上的每一步，都算数
第 3 部分	用户问答	第 1 题：你每天在什么场景下玩手机（多选题）； 第 2 题：你平均一天工作时段（点选开始+结束的时间点）； 第 3 题：你多久陪父母一次（单选）； 第 4 题：你的运动频率（单选）； 第 5 题：你陪伴爱宠的方式（单选）； 第 6 题：你陪伴伴侣的时间（单选）
第 4 部分	输入姓名	用户输入昵称，单击"确定"按钮
第 5 部分	过渡文案	逐行显示用户回答 1~6 题的答案，换算为小时与比例，更为直观
第一部分	生成海报	生成带有用户昵称的 2021 年度格子海报，包含荣誉称号、工作占比文案、一颗用不同颜色展示用户时间比例的"心"形图案，以及联合品牌的 Logo 和汽车露出。用户可以长按保存海报，还可以再测一次，也可单击"锐放一下"按钮跳转品牌活动页面

3. 交互设计

H5作品图片采用手绘卡通风格，色彩丰富，注重细节。交互设计采用了上划点选、多选、输入、长按等多种交互方式，对用户的引导清晰、准确。

4. 用户体验

H5作品把年度总结的关键词"时间"用时钟和格子视觉化，用户回答的问题都与自己分配时间有关，答案展示很直观，最后的年度时间格子组成的"心"形图案，不同颜色代表了不同类型的时间投入，而海报具有个人化和可视化效果，能够有效地促进用户分享。

任务二　理解 H5 互动新闻

任务目标

学习和分析优秀 H5 新闻作品，理解 H5 互动新闻的特点。

任务分析

　　查找中国新闻奖获奖的 H5 新闻作品，从选题创意、作品结构、交互设计、用户体验等方面进行案例分析与研讨。首先需要了解中国新闻奖有关的行业知识，特别是自 2018 年以来设置的媒体融合奖项，然后通过中国新闻奖官方网站查看历届获奖 H5 作品，如图 1-18 所示。

图 1-18

行业知识

　　中国新闻奖是经中国共产党中央委员会宣传部批准常设的全国优秀新闻作品最高奖，由中华全国新闻工作者协会主办，每年评选一次。中国新闻奖的评选对整个媒体行业起到了"指南针"和"定盘星"的作用，赋予获奖者相当大的激励。历届的中国新闻奖评选一直是社会各界解读我国主流舆论导向的窗口。中国新闻奖不仅在媒体圈和媒体从业者中影响巨大，而且奖项的设置和改革在一定程度上反映了主流媒体融合发展的整体趋势，也关乎社会大众对媒体和新闻业的看法。

2018 年，第 28 届中国新闻奖首次增设"媒体融合"奖项，该奖项设置的初衷是鼓励内容生产融合创新，以形成行业示范效应。迄今为止，5 届获奖作品均较为集中地反映了媒体融合发展取得的长足进步，体现了融媒体技术对内容的赋能，以及在内容生产方式、传播渠道、用户参与等各方面的创新。

第 32 届新闻奖奖项的变化

2022 年，第 32 届新闻奖将 29 个奖项优化到 20 个，基础奖项 14 个，专门奖项 6 个。强化基础项、增加专门项、合并同类项、减少交叉项、取消不宜项。取消作品属性不鲜明的奖项：在媒体融合奖项取消创意互动和页（界）面设计奖项，从而突出对新闻作品的评选。

媒体融合奖项的变化：

鼓励融合发展创新，设置专门奖项。

增设融合报道奖项，鼓励运用多媒体手段创新报道内容和形式。

增设应用创新奖项，鼓励媒体应用信息网络技术，研发"新闻+服务"的创新性信息服务产品。

 注意：

在最近 5 届的媒体融合获奖作品中，H5 作品归属于新媒体创意互动类、融合创新类与第 32 届的融合报道类与应用创新类。（即表格中红色部分）H5 获奖作品与媒体融合奖项的其他类别作品相比，H5 作品具有更加鲜明的互动性与媒体形式的融合性，如表 1-3 所示。因此，H5 新闻又被称为互动新闻或交互融媒体新闻。

表 1-3　中国新闻奖媒体融合奖项变革

年份	届次	媒体融合奖项评选的项目类别
2018	28	短视频新闻、移动直播、新媒体创意互动、新媒体品牌栏目、新媒体报道界面、融合创新（获奖结果正式公布时这 6 个项目名称改为融媒短视频、融媒直播、融媒互动、融媒栏目、融媒界面、融媒创新）
2019	29	短视频新闻、移动直播、新媒体创意互动、新媒体品牌栏目、新媒体报道界面、融合创新
2020	30	短视频现场新闻、短视频专题报道、移动直播、创意互动、融合创新
2021	31	短视频现场新闻、短视频专题报道、移动直播、创意互动、融合创新
2022	32	融合报道、应用创新

2018—2022 年，中国新闻奖中媒体融合奖项占比为 13%。其中，H5 互动新闻作品

占媒体融合奖项作品的 22%，其在第 32 届该奖中的占比高达 50%，具体数量分布如图 1-19 所示。

12/39 **14/68** **34/112**
一等奖　　二等奖　　三等奖

（2018—2022年）中国新闻奖中互动新闻/媒体融合作品获奖数量

图 1-19

学习案例

《2021，送你一张船票》

2021 年，新华社推出以建党 100 周年为主题的 H5 新闻作品《2021，送你一张船票》获得第 32 届中国新闻奖融合报道类一等奖（图 1-20），请扫描二维码观看。

图 1-20

评委评语

该作品是中国共产党建党 100 周年报道的现象级爆款。其以南湖红船为主线，联结历史、联通受众，历史感与时代感相结合；思想性与贴近性相结合；学习性与趣味性相结合；再现了中国共产党百年伟大征程，展示百年沧桑巨变，揭示百年建党精神；以创意表达为特色；创新运用多媒体形式，互动 H5、手绘长图、闯关游戏、专属海报等交融交互，突出"一人一船票"的个性化互动、定制化服务，实现精准化、差异化、分众化、裂变化传播，引发持续性社会反响，树立了重大主题融合报道的标杆，如图 1-21 所示。

图 1-21

📋 案例分析

1. 选题创意

该作品为庆祝中国共产党建党 100 周年，以"2021，送你一张船票"为选题角度，以横向长图的形式让用户徜徉在历史长河中，从而让用户更了解中国共产党的历史，珍惜今天的美好生活，激发民族自豪感。作品不仅成为受众回顾历史的媒介，更是一堂生动鲜活的"微党课"。

2. 作品结构

该作品共分为 4 个部分：①微信授权；②剧情铺陈；③建党百年大事件浏览；④生成船票，如表 1-4 所示。

表 1-4 《2021，送你一张船票》作品结构

作品结构	策划逻辑	各部分内容
第 1 部分	微信授权	获得用户头像和昵称，最后生成海报环节使用
第 2 部分	剧情铺陈	加载页出现主题"一张船票带你穿越百年"。接下来是封面开屏动画，黑白灰色调几张图讲述中国从鸦片战争后，山河破碎，人民生活在水深火热中，此时中国共产党诞生。接下来，页面弹出第一道交互题目：中国共产党诞生于哪一年？（1921 年）再输入用户的出生年份，单击"出发"按钮，即进入下一个环节
第 3 部分	建党百年大事件浏览	单击"前进"按钮，跟随这条诞生中国共产党的船，一路徜徉于历史长河。横向自动播放，单击"暂停/回看"按钮，出现大事件导航列表。32 个历史大事件包括：开天辟地、南昌起义、伟大远征、浴血奋战、中华人民共和国成立、抗美援朝、改革开放、中国梦、"一带一路"、伟大复兴等。已经浏览的事件可以回看，未看过的事件无法导航单击。待播放完毕后，直接进入最后的船票生成页
第 4 部分	生成船票	采用生成海报的功能，单击"确定"，生成海报即船票。船票包含用户的昵称和头像，用户可以选择大事件，更换相应背景。单击"分享"按钮，便可弹出引导分享蒙层

3. 交互设计

为使媒体策划与用户感受同频共振，作品有丰富多样的交互设计，让用户在徜徉历史长河大事件时，仍需思考和参与。

（1）作品第 2 部分通过邀请用户填写出生年份，结合时间轴实时显示该用户与历史事件间的关联。用户在第 3 部分画面下方经常会看到："1997 年，香港回归。这特别的一年，你 7 岁了。"……这样紧密的联系，不仅让用户充满参与感，也加深了个人与国家命运紧密相连的心理体验。

（2）问答互动：答题环节涉及中国共产党建党年份、党的十八大召开时间等问题，每答对一道题就能够"点亮"一颗星，突出"回顾昔日奋斗历程、体会今日来之不易"的主题，帮助用户温故知新、有所收获。

（3）在"行船"过程中，作品有多处交互设计并都设置了引导提醒。例如 1964 年，单击图标引爆中国第一颗原子弹；在星辰大海之间，按照引导"向上滑动发射"，将中国宇航员送入太空……

（4）浏览长卷后，用户还可以手动挑选背景、生成配有自己头像和专属 ID 号的船票进行分享，促进融媒体产品的"二次传播"。

4. 素材收集

作品以仿真漫画形式，将百年大事件一气呵成，画面精美，过渡自然。创作团队对作品中的素材的收集与每一处细节的处理都精工细作，至臻至善。团队查询相关文献材料上百万字，多次实地走访南湖革命纪念馆、中共一大会址等地了解"红船文化"，同时查找新华社稿库、中国照片档案馆、各地博物馆馆藏作为画面参考。该作品从策划到上线历时 3 个多月，更新了 400 多个文件版本，不放过任何一个画面细节。在"1937年，全民族抗日战争爆发"的场景中，天空中飞来一架敌机。为求精准，制作团队查阅了大量老照片并请教了军事专家，最后对机型进行了微调。

5. 运营规划

团队围绕着 H5 作品进行多种信息形式与多平台矩阵传播的规划，进行内容运营、活动运营、用户运营、多平台运营等方式的整体运营策划。

作品发布前海报预热：制作精品海报进行预热，其中突出习近平主席新年贺词中关于红船的表述。

作品发布后活动策划：在微博发起"送你一张船票"话题的同时，也发起抽奖活动，被抽中的幸运用户可获得"百年红色之旅"礼包——赴上海中共一大会址、嘉兴南湖红船旅行。

项目组还提前策划了配套的 AR 新闻、文字报道，预制线下落地、文创产品等，扎扎实实从各个维度提升了作品的影响力。除了进行主力 H5 报道外，还推出了长图版、视频版及文字"融媒故事"版等多种形式。

6. 用户体验

用户观看这个内容丰富、生动形象的H5作品，既学习了党的历史，又体验了与用户自身相关的互动设计，充满沉浸感与体验感。作品于2021年1月4日上线后数据优异，截至2021年7月23日，全网浏览量4.8亿次（包含全网各渠道浏览、话题、互动等数据）。其中，H5浏览量1.13亿次、独立访客数8174万、用户平均访问时长6分39秒、24岁以下用户占60.1%。81%的用户来自移动端，还有19%的用户通过PC端访问。作品发布后，咨询版权合作的出版社、博物馆、媒体等机构有51家。经过多方面的数据验证，确认了这是一款真正实现刷屏的报道。

 案例拓展

H5 互动新闻（融合报道）作品

第28届中国新闻奖一等奖作品《长幅互动连环画 | 天渠：遵义老村支书黄大发36年引水修渠记》如图1-22所示。出品方：澎湃新闻。请扫描二维码观看。

图 1-22

第30届新闻奖二等奖作品《72个红手印，究竟为了留住谁?》如图1-23所示。出品方：长江日报。请扫描二维码观看。

图 1-23

第31届新闻奖一等奖作品《一张照片背后的这七年》如图1-24所示。出品方：湖南广播电视台芒果云客户端。请扫描二维码观看。

图1-24

第32届新闻奖二等奖作品《手机里的小康生活》如图1-25所示。出品方：湖南日报。请扫描二维码观看。

图1-25

第32届新闻奖三等奖作品《点亮事实孤儿的未来》如图1-26所示。出品方：中国青年报/中国青年网。请扫描二维码观看。

图1-26

> ⌕ **思考与讨论**
>
> 　　通过学习上述 H5 获奖作品，思考并分组讨论：H5 互动新闻与传统新闻相比，有什么区别？H5 互动新闻有哪些互动方式？查找并分析中国新闻奖中的一个 H5 新闻案例。

▤ 学习知识

H5 互动新闻与传统媒体新闻的区别

一、媒介元素

（1）传统媒体新闻（报刊新闻、广播新闻、电视新闻）：文章、图片、音频、视频等单一形式。

（2）融媒体新闻（含 H5 互动新闻）：文字、图形、图像、声音、视频、动画等多媒体元素的有效配置，成为形式丰富多样的有机整体。

二、叙事逻辑

（1）传统媒体新闻：单一、线性的叙事结构，有确定性结尾。

（2）网络新闻与融媒体新闻：开放、多维、层级式、多空间并置的非线性叙事结构。其中 H5 互动新闻通过提供多样化的结局、富有现场感或高度还原现实的叙事情境，增强用户的参与感，通过单击、滑动、选择、上传等界面操作引导用户，呈现在用户眼前的内容顺序和报道结果不尽相同，用户在互动参与的过程中有可能到达不同的故事结局。

三、新闻场景

（1）传统媒体新闻：通过单一媒介的特写描述呈现客观性事实与场景，倾向于客观真实的新闻场景。

（2）H5 互动新闻：通过多媒体融合、数据可视化、虚拟现实等技术，或运用手绘漫画等形式创造主观性新闻场景，调动用户的感官增强在场感，带给用户生动的沉浸式体验，倾向于技术真实的新闻场景。

四、互动方式

（1）传统媒体新闻：单向传播，与受众互动很少。

（2）H5 互动新闻：主要体现为用户与界面的互动，用户参与互动是在新闻生产环节之后的主动性互动，用户的使用体验被限定在新闻产品的设计架构之内。应用了界面互动技术的新闻产品，存在着互动程度上的差异。H5 新闻以导航式互动和适应式互动为主，根据报道设计的复杂程度和内容，展开方式存在区别。导航式互动允许用户通过跳转按钮和菜单浏览内容，适应式互动实现用户体验和行为对媒介内容产生影响。

H5 新闻的互动方式

一、根据不同的互动技术类型，H5 新闻的互动方式可以分为 3 种类型

（1）内容控制型互动：通常用鼠标单击选择内容版块来进行互动，采用已广泛应用的超链接技术，技术门槛相对较低，目前采用这种方式的互动新闻较多。这类互动方式对创作者的选题和内容编排能力要求较高，形式上的互动不是主要目标，选题的重要性凸显，专业性和权威性也在不断提升。

（2）数据控制型互动：借助交互表单、交互地图、交互时间轴等视觉元素来构建与用户进行互动的方式。这类互动方式通常采用的技术包括数据抓取、数据统计分析、数据可视化、交互地图、图表制作等。这类互动新闻旨在为用户提供有价值的新闻信息，用于现实生活中决策参考，或从中获得有趣有益的各类知识。

（3）场景控制型互动：通过使用鼠标、VR 头盔等虚拟现实设备来控制新闻用户主视角的变换来实现人与新闻场景的互动。这类互动方式通常采用的技术为 360 度全景技术、360 度视频技术、虚拟现实技术等。这类互动新闻为用户提供新闻场景，令用户获得特定的感受、体验、情绪等沉浸感，强调"情感共鸣"和"体验真实"，放大内容对用户心理的影响力。

H5 新闻创作趋势是越来越多采用三种互动方式相结合，特别是后两种互动方式用于最常见的内容控制型互动新闻的部分内容版块中，如表 1-5 所示。

二、根据用户参与互动的程度和深度，H5 新闻的互动方式可以分为 3 种类型

（1）界面响应：最基本的互动方式，用户通过单击、滑动的简单操作参与叙事。

（2）路径选择：为用户提供非单一的故事框架，每个用户的选择和故事可能不一样，在这一过程中，用户与新闻产品的互动程度加深，视角更加向以用户为中心倾斜。

（3）角色扮演：常见于新闻游戏产品类别，用户进入故事场景中即被设定一个人物视角，用户参与新闻内容的角色感更强。

表1-5　中国新闻奖互动新闻案例的互动方式类型

类型	互动方式	案例
界面响应	单一指令响应	《你收到的是1927年8月1日发来的包裹》，第28届二等奖，中国军网 《他的日记为啥被国家博物馆收藏》，第29届三等奖，湖北日报客户端
	多个指令引航	《最后，他说——英雄党员的生命留言》，第32届二等奖，中国网 《稻子熟了》，第32届二等奖，津云客户端 《有"棚"自远方来》，第32届三等奖，大众日报客户端 《听·见小康》，第31届一等奖，新华报业传媒集团 《磐小药西游记》，第31届三等奖，金华新闻客户端 《6397公里的守护》，第30届一等奖，交汇点新闻客户端 《40年·长沙有多"长"》，第29届一等奖，时刻新闻客户端 《超级H5丨"海南号"时空穿梭机重返1988！》，第29届三等奖，海南日报客户端 《单击"浙"字跳起来 看浙江40年不凡之路》，第29届三等奖，浙江新闻客户端 《情·淮：淮河庄台40年简史》，第29届三等奖，中安新闻客户端 《天渠：遵义老村支书黄大发36年引水修渠记》，第28届一等奖，澎湃新闻客户端
	完全服从用户指令	《跨越40年，2019的车开过来了》，第29届三等奖，闪电新闻客户端 《春风春雨度关东》，第28届二等奖，辽宁日报新闻客户端
	用户响应以参与	《复兴大道100号》第32届一等奖，人民日报微信公众号出品 《我们合家团圆他们为国守边 元宵节为生命界碑点赞》，第29届三等奖，兵团日报微信公众号
路径选择	按照用户意愿选择	《手机里的小康生活》，第32届二等奖，新湖南客户端 《一张照片背后的这七年》，第31届一等奖，湖南广播电视台 《72个红手印，究竟为了留住谁?》，第30届二等奖，长江日报微信公众号 《苗寨"十八"变》，第29届二等奖，新湖南客户端 《OFO迷途》，第29届一等奖，每日经济新闻客户端
角色扮演	用户共同参与	《2021，送你一张船票》，第32届一等奖，新华社客户端 《"点赞上合"大型线上互动活动》，第29届二等奖，中俄头条客户端
	用户主导内容生成	《幸福照相馆》，第29届一等奖，央视财经客户端 《军装照H5》，第28届一等奖，人民日报客户端
	新闻游戏	《"挖"土豆》第31届三等奖，宁夏日报客户端 《我为港珠澳大桥完成了"深海穿针"》，第29届二等奖，央视新闻客户端
其他	报道+公益+服务	《点亮事实孤儿的未来》第32届三等奖，中国青年报客户端
	报道+电商	《百天千万扶贫行动》第29届二等奖，长江云客户端

三、各种互动类型简介

1. 界面响应类

中国新闻奖的融合新闻大部分获奖作品为此类互动方式。

一小部分案例利用简洁的页面响应，如"你收到的是 1927 年 8 月 1 日发来的包裹"快闪 H5 依靠的便是用户的单击操作，如图 1-27 所示。

图 1-27

依托 H5 技术，多数界面响应的互动新闻案例在产品内容的多个关键节点设置单击、拖曳等指令，内容展开依靠用户行为，提升用户的参与感。该类作品的报道内容普遍呈现时间和空间跨度较大的特点（如呈现某地区历时性变化的"超级 H5 | '海南号'时空穿梭机重返 1988！"）如图 1-28 和图 1-29 所示。以关键时间节点和关键事件将整个报道拆分，用户的互动指令成为连接前后的搭建结构，在一次次响应中推进整部作品。

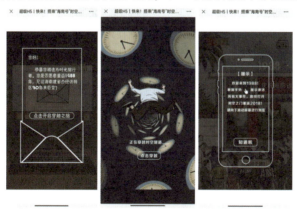

图 1-28

图 1-29

2. 路径选择类

路径选择展现出更为明显的用户主导权。同样是在既定的设计框架内，多条路径的内容设计使报道作品结构立体化，让用户在页面中按照意愿选择某一入口接触特定内容，这样便可以在展现互动性的同时，增强新闻消费的趣味性。

案例作品"苗寨'十八'变"，按照苗寨的分布设置路径入口，用户可自由在苗寨里探索，通过单击5个村民的图片选择某一路径，以第一视角亲临苗寨"现场"，了解他们脱贫致富的故事，亲身体验和感受十八洞村这5年来发生的翻天覆地的变化，如图1-30所示。多次选择后整个立体化的报道得以平面展开，帮助形成以用户为中心的叙事逻辑。

图 1-30

3. 角色扮演类

角色扮演类的互动程度相对较高，体现了完全的用户主导逻辑，即内容的完成完全依赖用户的互动参与行为。新闻游戏类产品多属此类。如 H5 作品《冬日缘计划》以北京冬奥会为主题，灵活使用各种互动功能并结合动画效果的使用，制作了有趣的游戏，邀请用户扮演运动员，体验冬奥项目"冬季两项"和"雪车"，在交互游戏中引导用户形象生动地了解并参与冰雪运动，从而更加关注冬奥会。如图 1-31 所示。

图 1-31

📋 **任务成果**

《快看呐！这是我的军装照》案例分析

2017 年，为纪念建军 90 周年，人民日报客户端出品了互动 H5 作品《快看呐！这是我的军装照》（以下简称《军装照》，作品中标题为《穿上军装》），获得第 28 届中国新闻奖新媒体创意互动类一等奖。

📄 **评委评语**

一等奖作品《军装照》H5，聚焦建军 90 周年，吸引各年龄、区域、行业的用户积极晒出自己的"军装照"，展现了广大网友对党和国家、人民军队的拥护和爱戴。

（曾祥敏　评委有话说｜第二十八届中国新闻奖媒体融合奖评析　中国记协网）

📄 **案例分析**

1. 选题创意

2017 年，中国人民解放军建军 90 周年，铭记光荣历史，推进强国强军，每一个中国人都为此感到自豪。《军装照》H5 作品紧扣八一建军节主题，以建军 90 周年为契机，借势推出以相册为载体，用时间长河的概念来升华建军 90 周年的主题。作品从不同年

代军装的点切入，让用户自行选择时间段生成那个年代的军装，每一个参与用户通过了解认识不同年代的中国人民解放军军装，而体会到中国人民解放军这 90 年的进步发展与强大。

2. 作品结构

作品共分为 3 个部分：①建军相册；②空白相册；③上传照片生成军装照

作品结构	策划逻辑	各部分内容
第一部分	建军相册	1927—2017 建军相册，自动翻页展现我军军容军貌
第二部分	空白相册	以相册缺失"你"的照片，引导用户参与，选择军装年份（南昌起义、红军时期、抗日战争、解放战争、1950—1955、1955—1965、1965—1985、1985—1987、1987—1999、1999—2007）
第三部分	上传照片生成军装照	选择男女，上传正面照片，生成用户穿着不同年代的军装照，底部有"人民日报客户端"和"天天 P 图"品牌露出，长按保存可将生成的照片保存到本地，分享出去时有跳转页面和品牌露出

3. 交互设计

《军装照》作品最大的亮点就是：让用户的照片融合自然还要保持用户原本的面貌。为了解决这一难题，人民日报联合腾讯天天 P 图共同创作，让每个人的军装照都英姿飒爽，助力这次军装照的刷屏。之前刷屏的高考准考证 H5 页面也是通过借助照片处理应用的接口而实现了美化效果继而刷屏。通过这支 H5 作品可以看到强交互技术的使用对传播的推动力，也看到 H5 的发展空间是非常大的，需要我们不断的去探索新技术，新互动，新呈现。

4. 视觉呈现

作品视觉呈现从怀旧场景到旧相册，切换动画像是在翻阅一本记录建军历史的相册，生成照片由年代久远到年代渐新。该作品视觉设计难点在于怎样让穿上军装的用户既参与了生成军装照，又不会娱乐化军装。《人民日报》创作团队联系到军队院校专门研究军服的专家，经过审定，选定了 11 个阶段的 22 张照片。22 套不同的军装，全部生成一遍也就了解了军装的发展史，营造了浓浓的回顾历史铭记荣耀的氛围。深入浅出，每个细节既严谨而又简化的呈现方式。

5. 用户体验

作品利用人脸融合技术，让用户上传照片，生成属于用户的不同年代的军装照片，并引导用户分享出去。用户参与简单方便，很容易满足几乎每个人儿时的入伍梦，混合着强国强军的公民荣誉感，再加上合成美化效果，很容易让用户分享出去，用户参与意愿与体验感都很强。作品上线 2 天浏览量破 2 亿，作品高度与刷屏同时在线。连续刷屏 3 天其热度只增不减，网友和名人明星都纷纷制作自己的军装照。"军装照"在亿万中国网友的手机上成功"刷屏"，总浏览量超过 10 亿人次。

总结：如何能让广大用户一起参与到建军节的互动中，《军装照》H5 作品给了一份优秀的答案：正能量与刷屏同时在线。作品在主题宣传和创新形式的结合点上寻找到好创意，在精准内容和先进技术的结合点上打造出好产品，在传播目标和用户意识的结合点上实现了好效果。

项目二　图文类 H5 作品策划与制作

项目描述

　　小王在某传媒公司的新媒体编辑制作岗位工作，公司计划在国际儿童节来临之前策划制作儿童节为主题的 H5 作品。该公司前期选题会对该作品提出如下要求。

　　1. 用户对象：主要面向参加工作不久的年轻人。

　　2. 作品能够令已经成年的用户回顾童年的美好，引起他们的共鸣。

　　3. 鼓励年轻人保持童真、不忘初心、努力拼搏。

　　小王带领新媒体部门 2~3 人，根据上述要求进行作品策划，准备素材并设计、制作完成了 H5 作品《致后浪：儿童节快乐》，请扫描二维码观看。

知识目标

　　1. 了解图文类 H5 作品的策划特点。

　　2. 熟悉图文类 H5 作品的设计与制作流程。

技能目标

1. 能够熟练使用制作工具实现图文类 H5 作品的策划与制作。
2. 能够灵活运用所学方法和设计规范，举一反三，进行图文类 H5 作品的创作。

素质目标（思政目标）

1. 培养学生不忘初心，勇于拼搏的精神。
2. 培养学生具备面向用户的交互设计思维。
3. 培养学生拥有良好的团队协作能力。

项目二　图文类 H5 作品策划与制作

任务一 策划 H5 作品

任务目标

面向已参加工作的年轻人，在儿童节来临之前策划以"回顾童年，反思当下，激发青年斗志"为主题的 H5 作品，完成作品创意构思、原型图设计、作品整体策划方案制定工作。

任务分析

为了顺利完成任务，团队成员在讨论后确定了作品题目，并对本任务进行了分析，具体如表 2-1 所示。

表 2-1 《致后浪：儿童节快乐》任务分析

作品名称	致后浪：儿童节快乐
任务需求	该 H5 作品为国际儿童节来临之际所做，但用户并不是儿童，而是已经面向工作的年轻人。作品要引起成年用户的共鸣，回顾童年的美好，长大以后虽然面对种种生活的不易，仍保持童心
作品内容	从用户心理需求出发，内容放在回顾童年场景与如今成年场景的对比上，从兴趣、梦想、快乐、陪伴 4 个方面进行比较，与年轻上班族用户对美好童年的回忆与长大后的失落心理相呼应
作品结构	作品共 8 页，除了封面、封底，正文 6 页为总分总结构 第 2 页：对童年整体记忆与对比 第 3~6 页：分别是关于兴趣、梦想、快乐、陪伴 4 个方面的今昔比较 第 7 页：感受童年游戏的快乐
作品风格	根据作品的主题与内容，作品风格整体活泼、欢快，亮色为主作为主要基调，色彩对比度与饱和度较高。但在体现成年现状对比时，又带有淡淡的忧伤，在文案与插图中有所展现
难度分析	作品为儿童节专题策划，应为专业级别，不是通过套用模板简单生成的普通作品。作品的制作难度不大，难度指数 ★ ★ ☆ ☆ ☆

任务实施

（1）完成分组，3~4 人为一组，选出组长。

（2）对《致后浪：儿童节快乐》H5 策划任务按照先后顺序拆解为创意构思、设计规划、整体策划三项子任务，完成不同形式的文档。

（3）组长将子任务布置给团队成员，由专人负责，大家分工合作，如表 2-2 所示。

表 2-2　任务实施

子任务	输出形式	完成时间	负责人
创意构思	思维导图	年　月　日	
设计规划	原型图	年　月　日	
整体策划	策划方案	年　月　日	

任务成果

子任务 1　创意构思

团队经过多次讨论与头脑风暴，形成五级作品结构与内容构思，利用 Mindmaster 或 Xmind 软件制作思维导图，如图 2-1 所示。

图 2-1

子任务 2　设计规划

团队根据本项目的需求方向、内容布局与设计风格，对作品的 5 个部分的页面进行版式规划，设计原型图。

简易原型图可以是手绘版，专业级别原型图可以用 PowerPoint 演示文稿制作软件或 Photoshop 等其他绘图软件制作。

部分页面的原型图如图 2-2~图 2-5 所示。

图 2-2

图 2-3

图 2-4

图 2-5

在图片素材还没有准备好的情况下，可以在原型图中用空格占位图简略表示，如图 2-6 所示。

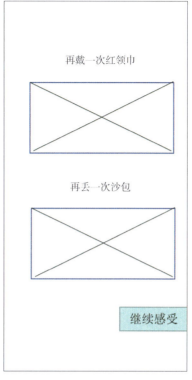

图 2-6

子任务 3　策划作品

团队按照形成的创意构思与原型图，策划每个页面的内容与互动功能设计，完成表 2-3 中的策划方案。

表 2-3　策划方案

结构部分	作品页码	页面内容	互动设计	音效
第 1 部分：封面	第 1 页	儿童节主题背景与人物、动物图片 作品题目：致后浪：儿童节快乐，设为 6 个文字块 "开始观看"按钮	作品题目所在的背景色块图片，滑动进入动画 "致后浪"文字块，跌落进入动画 "儿童节快乐"5 个文字块，翻转动画，依次进入 按钮：渐变进入动画，跳转至下一页	背景音乐为网络热门歌曲《少年》，与 H5 作品主题契合 所有页面中没有其他音效

结构部分	作品页码	页面内容	互动设计	音效
第2部分：场景对照	第2页	童年场景1：××小学背景图片，文案："你可曾记得小时候的样子?"前景：儿童图片 成年场景1：职场背景图片，文案："你可曾想过，自己为什么是这个样子"，前景：成年的后浪图片 童年场景2：文案：小时候我们总想快快长大，前景：穿着爸爸衣服的童年图片 成年场景2：文案："长大后，我们总想回到小时候，童年时那么无忧无虑"，前景：长大后的忧虑图片 "继续观看"按钮	童年场景1：文案，回弹进入动画；前景图片，滑动进入动画 成年场景1：背景图片：渐变动画；文案：渐变进入+渐变退出动画；前景图片：滑动进入+渐变退出动画 童年场景2：文案与前景图片：渐变进入+渐变退出动画 成年场景2：文案与前景图片：渐变进入动画 按钮：渐变进入动画，跳转至下一页	
第3部分：四方面对比	第3~6页	第4页的标题分别是："关于兴趣""关于梦想""关于快乐""关于陪伴"，图片格式 圆形框中不同的儿童卡通图片 图片下方为用户交互动作提示语 "继续观看"按钮	1~4页的标题都为滑动进入动画 前景图片设计：第3页为图片对比+滑动进入动画，第4页为按钮与弹出内容+光速进入动画，第5页为画廊+旋转进入动画，第6页为擦除+渐变进入动画 交互提示语与按钮：渐变进入动画	
第4部分：童年游戏	第7页	文案：如果你也有这些感受，那么这个儿童节，让我们一起回到小时候，一起去感那天真无邪的快乐 前景图片：跳房子、跳皮筋、打弹珠、丢沙包、戴红领巾 "交互提示语"按钮	文案图片，渐变进入动画 儿童游戏前景图片：画廊+旋转进入动画 交互提示语与按钮：渐变进入动画	
第5部分：结尾	第8页	文案1：献给每一位奋斗拼搏中的后浪，努力成长的同时，保持一份童真，敢于开怀大笑，更敢于放声大哭 文案2：加油后浪，未来属于你们 前景图片：奔跑中的年轻人 "返回首页"按钮	文案1：图片格式，渐变进入动画+滑动收缩退出动画 前景图片：滑动进入动画 文案2：图片格式，回弹进入动画 按钮：渐变进入动画，跳转至首页	

任务二　准备素材

任务目标

1. 根据前期策划，查找并创作本作品所用的图文素材。
2. 根据原型图，对 H5 作品的图片与文案进行处理。

任务分析

本作品为图文类 H5，素材准备工作主要为图片素材与文字素材的查找、创作与处理。一般传媒公司或广告公司都有专门的美术编辑或美术设计师，H5 策划与制作人员需要与设计师保持良好的沟通与协作。

为保证作品的原创度与知识产权，设计师要按照前期策划的要求准备图片素材，专门进行图片设计。《致后浪：儿童节快乐》中有大量图片素材，美编不仅要查找素材并进行处理，还经常要进行图片创作。

一、查找图片素材

可以通过搜索引擎、设计网站、素材网站等方法查找素材。

1. 搜索引擎

很多初学者会直接通过百度等各种搜索引擎查找素材。这类软件通常都可以进行图片搜索，如在百度图片中搜索"儿童节"，可以得到很多与儿童节相关的图片。这种方式虽然简便，但存在很多问题。因为这样查找到的图片素材质量良莠不齐，品类比较少，而且很难判断出素材的出处，如果用于商业项目将会有侵权的风险。

这种查找方式对图片质量要求不高的非设计专业人员使用尚可。百度图片有"按尺寸筛选图片"的功能，即选择大尺寸或特大尺寸可以得到高清像素图片。通过颜色筛选图片，可以得到此颜色为主色调的图片。

2. 设计网站

可以通过站酷网、花瓣网等一些专业设计网站或摄影网站查找素材。

站酷网是国内知名的设计师交流分享社群，在其中搜索栏输入"儿童节"，领域选择"摄影"，会查找到很多摄影师上传的高质量摄影作品，如果只是用来练习，这些图片是不错的选择。因为它们是专业摄影师拍摄作品，质量都非常好，清晰度也不错，但是切记不能商用，只可作为学生或新手设计师练习使用。

花瓣网是经常用来查找设计参考的网站，汇集了大量设计相关的案例素材。从中可以找到很多设计师采集的素材。在花瓣网中搜索"儿童节"，类型选择"摄影"，也可以得到大量的相关图片素材，比一般搜索引擎查找到的素材的质量好很多。

3. 素材网站

素材网站提供专业度较高的图片与设计素材，是设计人员的好帮手。在这类网站不仅有图片素材外，还有大量设计素材的源文件，可以编辑和修改，很方便进行二次加工。这类素材网站有综合类素材网站与付费类素材网站，二者的专业度与付费标准都有所区别。

（1）综合类素材网站。

综合类素材网站既有免费素材也有付费素材，其中昵图网、千图网、摄图网的使用率很高。与一般搜索引擎相比，这类网站的素材数量与品类丰富，质量更高。除免费素材之外，也有大量收费素材，收费门槛相对较低。用户需要注意：有些素材在付费下载使用时也不能直接用于商业项目，一定要认真查看下载说明。

【小贴士】

昵图网是老牌素材网站，其中图片的下载方式有积分兑换制和付费制，用户可以按"共享图""原创交易图"和"商用作品"查找素材。

共享图是积分兑换制，素材良莠不齐，质量普遍不高，优点是量多实惠，如果有时间查找也能找到一些不错的素材。原创交易图和商用作品按单张价格售卖，相对来说价格贵了很多，但质量比共享的图片高了好几个档次。要注意的是原创交易图是不能用于商业用途。

可商用的素材则有专门的"商用"标志，单击会跳转到"汇图网"，图片按单张售卖，单价虽然不贵，但要批量下载就不实惠了。严格来说昵图网的素材是不可以商用的，可商用的素材要经过"汇图网"购买。

主打可商用的素材网站很多，如千图网、摄图网、包图网、千库网等，每个网站各有其优势特点，他们的运作模式和收费标准都差不多。

（2）付费类素材网站。

以海洛创意、QUYANJING全景、视觉中国网为代表的付费类素材网站的图片普遍质量优良，所有图片素材都是摄影师经过精心拍摄的摄影图片，专业度很高，品类齐全，内容丰富，而且都能保证正版，也可供商用，不会出现版权纠纷。

【小贴士】

很多广告公司和大型商业项目通常通过这类网站获取素材，这类网站不提供免费素材，且素材收费标准比综合类素材网站的价格更高。例如，站酷海洛的授权方式是默认商用的，分为标准、扩展、和高级授权，授权越高级，可使用的范围便越大。由于素材质量好，价格较高，一般适合大中型企业使用。

二、处理图片素材

在图文类H5的设计、制作过程中，处理图片素材环节应遵循以下原则。

1. 素材及页面元素保持统一

H5 页面元素要尽量统一，图片素材最好是配套的，特别要注意素材的颜色、风格和大小的统一。设计者如果自行绘制成套图片，能够保持素材的统一性与原创性最为佳。但如果素材是从不同网站找到的，组合起来难免显得不协调，视觉效果也往往不够理想。在处理和使用图片时，不管图片是什么样的版式和大小，它们最好能做到色调、空间和景别等特征的统一，画面的感觉就会比较一致。这需要日常积累各种各样素材，素材收集得越全，样式越多，在设计和使用时就越得心应手。

2. 全图与特写图片相结合

（1）背景图片尽量使用全图：用大屏幕展现全景画面时，观看者在视觉上会觉得震撼，但改为用手机屏幕来展现全景画面，视觉上的感受就会完全不同了，这是人们的观看习惯决定的。在单个 H5 页面中背景图片尽量使用全图，使之能够完全覆盖手机屏幕，整张图充满页面所带来的视觉冲击力更强，画面会更饱满更完整。如果背景图片没有使用全景图片，或者全图没有占满手机屏幕，视觉感染力会更弱。

（2）前景图片多用特写图片：手机屏幕小，H5 页面能展示的信息有限。如果可以，前景图片尽量使用特写图片，因为特写图片展示出的物体更细致，细节更清晰，尤其是文具、食物等物件或人物表情，最好使用特写图片来展示。用图片展示前景图片的信息，只展示局部比展示全貌的效果要好得多，但前提是图片中的素材足够清晰。

3. 文字文案转换为图片

在设计 H5 页面时，可以更多地利用图片来展示信息，把文字转化成对用户而言更具有易读性的图片。文字描述一般无法给人直观视觉感受，而图片可以减少阅读障碍，其中的信息更易传递给受众。

H5 设计者可以自己绘制图片，或者通过素材库找到图片素材，然后利用 Photoshop、illustrator 等软件来绘制图片或者修改图片。对于初学者来说，能够对图片进行适当修改，就可以满足大多数设计的要求了。

🌐 **任务实施**

本任务主要分为素材查找与创作、素材加工与处理 2 个子任务，组长将子任务布置给团队成员，由专人负责，按期完成，如表 2-4 所示。

表 2-4　《致后浪：儿童节快乐》任务实施

子任务	输出形式	完成时间	负责人
素材查找与创作	素材图片	年　月　日	
素材加工与处理	静态与动态图片	年　月　日	

处理图片素材时需要注意以下几点。

（1）将设计素材分层保存（如背景图片等）。

（2）将文件导出，选择格式为：PNG24 文件类型，勾选透明区域及裁切图层，单击"运行"按钮。

任务成果

部分背景图片如图 2-7 所示。

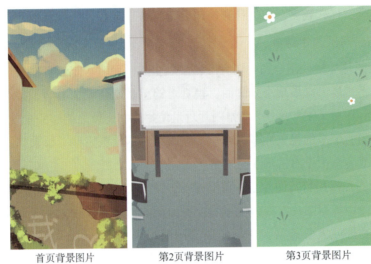

首页背景图片　　　　第2页背景图片　　　　第3页背景图片

图 2-7

处理过的卡通人物图片如图 2-8 所示。

图 2-8

处理好的按钮图片如图 2-9 所示。

继续观看　　开始观看　　返回首页

图 2-9

处理好的画廊图片如图 2-10 所示。

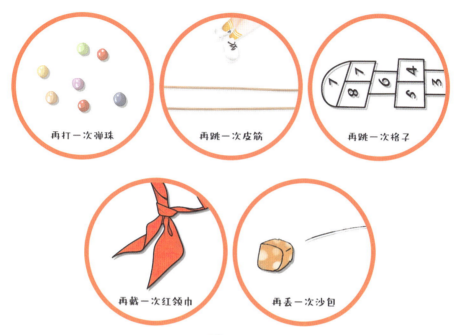

再打一次弹珠　　再跳一次皮筋　　再跳一次格子

再戴一次红领巾　　再丢一次沙包

图 2-10

处理好的文案图片如图 2-11 所示。

如果你也有这些感受，
那么这个儿童节，
让我们一起，
回到小时候，
一起去感受那天真无邪的快乐

第 7 页文案图片

献给每一位奋斗拼搏中的后浪，
努力成长的同时，
保持一份童真，
敢于开怀大笑，
更敢于放声大哭。

加油后浪，
未来属于你们！

结尾页文案图片

图 2-11

任务三 制作 H5 作品

任务目标

应用方正飞翔数字版制作 H5 作品《致后浪：儿童节快乐》。

任务分析

根据前期策划，作品共 8 个页面，整体结构分为 5 个部分。

1. 首页

功能制作：滑动、翻转等进入动画、按钮制作。

2. 第 2 页

功能制作：多场景渐变、滑动等进入动画与退出动画，注意动画先后次序与持续时长，按钮制作。

3. 第 3~6 页

功能制作：四页的前景图片分别为图片对比、按钮与弹出内容、画廊、擦除，并设置不同的进入动画，按钮制作。

4. 第 7 页

功能制作：画廊、渐变与旋转等，进入动画、按钮制作。

5. 第 8 页

功能制作：渐变、滑动、回弹等进入与退出动画，注意动画的先后次序与持续时长和按钮制作。

任务实施

本任务按作品结构主要分为首页制作、第 2 页制作、第 3~6 页制作、第 7 页制作、第 8 页制作、作品发布 6 个子任务，组长将子任务布置给团队成员，由专人负责，按期完成，如表 2-5 所示。

表 2-5 《致后浪：儿童节快乐》任务实施

子任务	输出形式	完成时间	负责人
制作首页	工程文件	年　月　日	
制作第 2 页	工程文件	年　月　日	
制作第 3~6 页	工程文件	年　月　日	
制作第 7 页	工程文件	年　月　日	
制作第 8 页	工程文件	年　月　日	
发布作品	二维码与作品链接	年　月　日	

子任务1 制作首页

步骤1：新建文件

打开方正飞翔数字版软件，新建文档，选择标准-竖版页面，版面设置为：页数为8页，页面大小为全面屏640×1260px，即宽度为640px，高度为1260px，如图2-12所示。单击"确定"按钮，便可保存制作的文件。

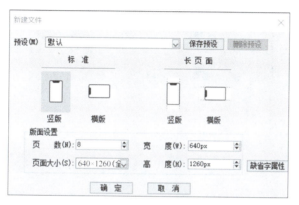

图2-12

步骤2：首页插入素材

（1）单击插入选项卡-图片，选择背景图片、男孩、女孩、小狗、黄色块、等PNG静态图片素材置入。

（2）单击左侧工具栏的第一个选取工具 ，选中每张图片，按住Shift键，等比例放大，并放置在合适的位置。

步骤3：设计文字块

（1）单击左侧工具栏的文字工具，建立文字块，输入"致后浪:"，单击编辑选项卡，设置字体为方正FW童趣POP体，字号为84磅，如图2-13所示。

图2-13

（2）选中文字块，置于黄色矩形色块中的合适位置，单击"对象"选项卡，调整文字块的旋转角度为10°，如图2-14所示。

图2-14

（3）再建立 5 个文字块，分别输入"儿童节快乐"5 个字并置于合适的位置。设置同样的童趣字体，设置字号为 96 磅，并将 5 个文字块都旋转 10°，如图 2-15 所示。

图 2-15

步骤 4：设置按钮

（1）单击互动选项卡-按钮 📖，创建"开始观看"按钮，并添加按钮动作为：转至下一页，如图 2-16 所示。

图 2-16

（2）将按钮置于页面下部合适位置，并单击对象选项卡-版心水平居中 🔳。按钮动作也可以单击右侧浮动面板-按钮进行设置。

步骤 5：设置动画

（1）选中黄色色块，单击动画选项卡-进入动画（绿色）中的滑动，或右侧浮动面板-动画，添加进入动画-滑动。设置动画延迟时间为 0.5 秒，自左侧进入，持续时长为

0.5 秒，限次播放为 1 次，如图 2-17 所示。

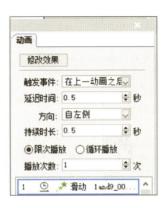

图 2-17

（2）设置"致后浪"文字块为进入动画-跌落，将"儿童节快乐"5 个文字块都设为进入动画-左右翻转，持续 0.2 秒。将"儿"文字块延迟 0.5 秒，如图 2-18 所示。

图 2-18

（3）开始观看按钮设为进入动画-渐变，持续 2 秒。

子任务 2　制作第 2 页

步骤 1：制作童年场景 1

（1）插入××小学背景图片，输入文案："你可曾记得小时候的样子?"形成文字块 1，调整到合适的尺寸。

（2）成组：插入前景的儿童图片与含有文案："小么小二郎"的文字块，按住 Shift 键选中这两张对象，右键单击"成组"功能，形成一个成组块，如图 2-19 所示。

图 2-19

（3）设置动画：将文字块 1 设为回弹动画，自顶部进入，持续 1 秒。将成组块 1 设为滑动动画，自右侧进入，延迟 0.5 秒，持续 2 秒。

步骤 2：制作成年场景 1

（1）插入职场背景图片，设为渐变动画，延迟 0.5 秒，持续 1 秒。

（2）插入含有文案"你可曾想过，自己为什么是这个样子"的图片与成年的后浪前景图片。前者文案图片设为渐变进入+渐变退出动画，延迟进入 0.5 秒，持续 1 秒，延迟退出 1 秒，持续 1 秒。后者前景图片设为滑动进入+渐变退出动画，滑动进入延迟 0.5 秒，持续 2 秒，渐变退出延迟 1 秒，持续 1 秒。这样使两张图片相继进入，再相继退出。

步骤 3：制作童年场景 2

（1）创建含有文案"小时候我们总想快快长大"的文字块 2。

（2）设置成组块 2：同时选中文字块"穿上爸爸的衣服我就是大人了"与前景图：穿着爸爸衣服的童年图片，右键单击"成组"功能。

（3）将文字块 2 与成组块 2 都设为渐变进入+渐变退出动画，调整动画延迟时间与持续时长，使两个对象相继进入，然后相继退出。

步骤 4：制作成年场景 2

（1）插入面容忧虑的成年图片，设为渐变进入动画，持续 2 秒。

（2）插入带有文案"长大后，我们总想回到小时候，童年时那么无忧无虑"的图片，设为渐变动画，延迟进入 0.5 秒，持续 1 秒。

步骤 5：制作按钮

插入"继续观看"按钮，将其设为渐变动画，添加动作：转至下一页。

子任务 3　制作第 3~6 页

步骤 1：制作第 3 页

（1）插入背景图片、"关于兴趣"标题图片，置于合适的位置，如图 2-20 所示。

（2）单击互动选项卡-图像对比，创建图像对比，添加童年兴趣与成年后的兴趣两张图片，在页面中调整大小与位置，使其版心水平居中，如图 2-21 所示。

图 2-20

图 2-21

单击右侧浮动面板-互动属性，调整初始显示比例为 100%，使对比方向为水平对比，如图 2-22 所示。

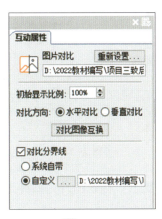

图 2-22

自定义对比分界线，并选择提前做好的分界线图标，如图 2-23 所示。

图 2-23

（3）创建互动提示文字块：向左滑动，查看长大后的样子，调整字体、字号、颜色。插入图像对比分界线图标代替文字块中的逗号。将文字块与图标成组，成为一个成组块。

（4）设置动画，"关于兴趣"标题图片回弹进入，图像对比滑动进入，成组块渐变进入。

（5）复制第 2 页 "继续观看" 按钮，可将按钮与按钮动作一并复制到本页。

步骤 2：制作第 4 页

（1）插入背景图片、"关于梦想" 标题图片、儿时梦想的前景图片，置于合适的位置。创建文字块 "单击梦想查看长大后的梦"，如图 2-24 所示。

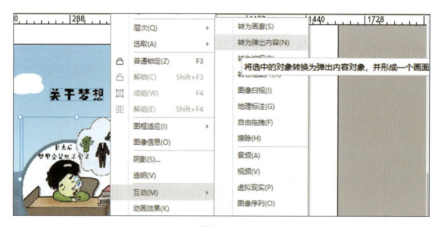

图 2-24

（2）依次设置动画："关于梦想" 标题图片：回弹进入动画，儿时梦想图片：光速进入动画，文字块：渐变进入动画。

（3）插入成年后梦想图片，覆盖在童年梦想图片之上。右键单击成年梦想图片，单击互动-转为弹出内容，将图片转换为弹出内容对象，并形成一个画面。

（4）单击左侧矩形工具，在前景图片右上角的梦想位置绘制一个矩形，再单击对象选项卡，选择空线，使矩形外框线隐形，如图2-25所示。

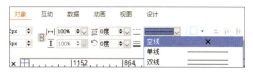

图 2-25

右键单击矩形，选择互动-转为按钮，将矩形转为一个按钮，如图2-26所示。

图 2-26

单击右侧浮动面板-按钮，添加按钮动作，选择调整画面状态-转至画面，使用户单击按钮时，转至上面设置的弹出内容画面，如图2-27所示。

图 2-27

（5）将前页的"继续观看"按钮复制到本页。

步骤3：制作第5页

（1）插入背景图片、"关于快乐"标题图片。

（2）制作画廊：单击互动选项卡–画廊，添加两张图片，选择走马灯效果。注意各对象层次，将画廊下移一层，移到标题图片之下，背景图片之上。创建文字块"向左滑动查看长大后的样子"作为画廊提示语，如图2-28所示。

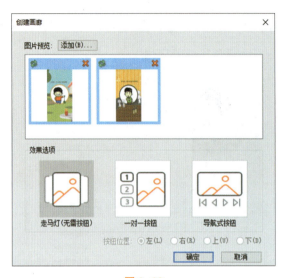

图2-28

先单击右侧浮动面板–画廊，再单击画廊面板下方的齿轮状按键，进行画廊属性设置。取消"自动播放"，选择手动滑动图像，图像效果切换方式为淡入淡出。最后，取消"切换至全屏"，如图2-29所示。

图2-29

（3）依次设置动画："关于快乐"标题图片：回弹进入动画，画廊：旋转进入动画，文字块：渐变进入动画。

（4）复制前页的"继续观看"按钮至本页。

步骤4：制作第6页

（1）插入背景图片、"关于陪伴"标题图片。

（2）制作擦除效果：插入长大后母亲通电话图片。单击互动选项卡-擦除，插入儿时与父母打电话的图片，儿时图片在上层，覆盖母亲图片。选中儿时图片，单击右侧浮动面板-互动属性，设置擦除属性：输入不透明度为100%，擦除半径为40px，勾选"图片消失"并输入10%，如图2-30所示。

说明：不透明度100%即上层图片完全不透明，能够覆盖下层图片。擦除半径越大对用户而言，擦除动作越清晰越简单。勾选"图片消失"选项，并输入百分比数值，数值越小擦除效果越容易显示，如输入10%表示上层图片擦除仅仅10%的时候，该图片消失，下层图片就呈现出来了。

图 2-30

（3）创建文字块"擦除眼泪查看长大后的样子"，作为擦除提示语。

（4）依次设置动画："关于陪伴"标题图片：回弹进入动画。擦除后的下层图片：渐变进入动画，在上一动画之后出现，持续2秒。被擦除的上层图片同样为渐变进入动画，与上一动画即下层图片的动画同时出现，持续2秒。文字块：渐变进入动画。

（5）复制第5页的"继续观看"按钮至本页。

子任务4　制作第7页

步骤1：插入素材

插入背景图片和含有"如果你也有这些感受……"文案的图片。

步骤2：制作画廊效果

（1）单击并创建画廊，添加5张图片，选择走马灯效果，画廊属性与第5页的选择一样。创建文字块"单击游戏去感受快乐"作为画廊提示语，如图2-31所示。

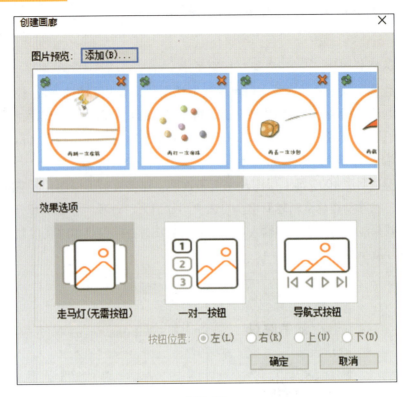

图 2-31

（2）制作画廊按钮：绘制与画廊同样尺寸的矩形，调整为空线框，右键单击互动-转为按钮。接下来，添加按钮动作，选择自定义按钮动作，如图 2-32 所示。

图 2-32

在自定义按钮动作操作界面，基本信息选择单击，触发条件不必设置。动作设置选择"切换画廊画面"，画廊控制选择"转至下一个画面"，单击"增加"按钮，再单击"确定"按钮即可，如图 2-33 所示。

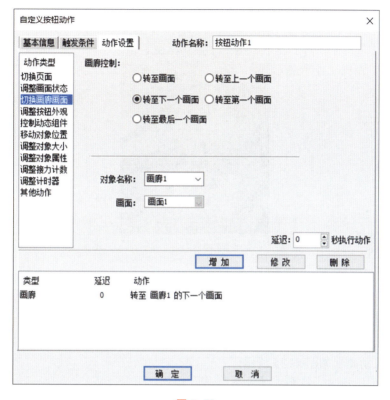

图 2-33

步骤 3：设置动画与按钮

（1）依次设置动画："关于快乐"标题图片：回弹进入动画，画廊：旋转进入动画，文字块：渐变进入动画。

（2）复制第 6 页的"继续观看"按钮至本页。

子任务 5　制作第 8 页

步骤 1：插入素材

插入背景图片、前景图片：奔跑中的青年。创建"返回首页"按钮，添加动作。

步骤 2：创建成组块

插入本页两段文案图片："献给每一位奋斗拼搏中的后浪……""加油后浪，未来属于你们"，插入两个黄色背景图片，将两个文案图片与对应的黄色块组合成组，形成两个成组块，如图 2-34 所示。

图 2-34

步骤 3：设置动画

依次设置动画：成组块 1 "献给每一位奋斗拼搏中的后浪"：渐变进入动画+滑动收缩退出动画。青年前景图：滑动进入动画。成组块 2 "加油后浪"：回弹进入动画。按钮：渐变进入动画，如图 2-35 所示。

图 2-35

子任务 6 发布作品

在方正飞翔数字版中对 H5 作品《致后浪：儿童节快乐》进行发布设置，然后发布。

步骤 1：加载页设置

（1）单击互动选项卡–加载页，在弹出的对话框中进行加载页设置，如图 2-36 所示。

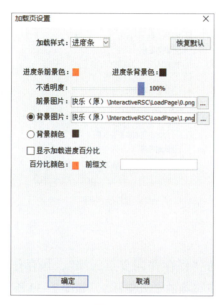

图 2-36

（2）加载样式选择"进度条"，将进度条背景色设为黑色，如图 2-37 所示。

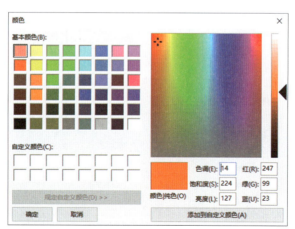

图 2-37

步骤 2：发布设置

（1）单击浮动面板–发布设置，在浮动面板中进行相关设置。

（2）将适配方式选择为"自动适配"，如图 2-38 所示。

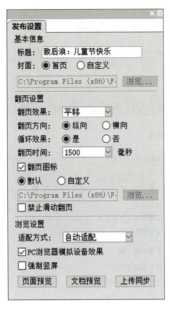

图 2-38

步骤 3：作品发布

（1）单击文件菜单下的"保存并同步至云端"，保存作品并设置输出成品文件为
H5，在线发布至云端（方正飞翔的个人空间），如图 2-39 所示。

图 2-39

（2）预览并发布：在方正飞翔个人空间的 H5 作品列表中可以看到上传的作品，单击"预览"，在作品预览中输入作品标题、简短描述，并上传不小于 300×300px 的缩略图，然后发布作品，如图 2-40 所示。

图 2-40

任务成果

制作并发布完成的 H5 作品《致后浪：儿童节快乐》成果的封面与作品三级页面，如图 2-41 所示。

图 2-41

项目训练

模拟训练

学生分组进行图文类 H5 作品模拟训练，按照上述教学内容完成《致后浪：儿童节快乐》作品的策划与制作。

拓展训练

学生分组进行图文类 H5 作品创意训练，每组应充分讨论，自定选题，按照上述任务次序进行图文类 H5 作品的策划、素材准备与制作发布，将任务成果填写在相应的活页中或自行加页完成。

项目三　音频类 H5 作品策划与制作

项目描述

2021 年，为庆祝中国共产党建党 100 周年，小王所在的传媒公司计划在"七一"来临之际策划制作以革命歌曲为主题的音频类 H5 作品。公司前期选题会对该作品提出如下要求。

1. 作品内容应紧扣主题，突显主旋律。

2. 素材以音频为主，作品视觉设计风格与内容相符合。

3. 作品具有良好的交互设计效果，体现用户思维和传播性。

小王带领新媒体部门 2~3 人，根据上述要求进行作品策划，准备素材，然后设计并制作完成了 H5 作品《心中的歌献给党》，如图 3-1 所示。

图 3-1

请扫描二维码观看并生成海报、分享 H5 作品。

知识目标

1. 了解音频类 H5 作品的策划特点。
2. 熟悉音频类 H5 作品的设计与制作流程。

技能目标

1. 能够熟练使用制作工具实现本项目音频类 H5 作品的策划与制作。
2. 能够灵活运用所学方法和设计规范，举一反三，进行音频类 H5 作品的创作。

素质目标（思政目标）

1. 培养学生的爱国主义精神与理想信念。
2. 培养学生具备从事新媒体工作所需的用户思维。
3. 培养学生拥有良好的团队协作能力。

任务一 策划 H5 作品

任务目标

在庆祝中国共产党建党 100 周年的主题下，围绕红色歌曲选题进行音频类 H5 作品策划，完成作品创意构思、原型图设计、作品整体策划方案制定。

任务分析

为了顺利完成任务，团队应展开讨论，确定作品的题目，并对本任务做出分析，如表 3-1 所示。

表 3-1 《心中的歌献给党》任务分析

作品名称	心中的歌献给党
任务需求	该 H5 作品为庆祝中国共产党建党 100 周年的宣传活动所做，公司不仅希望通过作品播放多首脍炙人口的革命歌曲的形式突出主题，达到更好的正面宣传作用，还希望能够有更多的用户欣赏并分享该作品，使其广泛传播，发挥该传媒公司的传播价值与品牌价值
作品内容	从公司的宣传需求出发，内容重点应放在革命歌曲的音频信息方面 互动内容可以通过生成海报引导用户分享 文案信息宜少不宜多，主要思考对用户的阅读引导与分享引导的文案
作品结构	作品应该有 3 个部分，即首页、音频播放页、海报分享页，首页介绍作品，推出歌曲列表 音频播放页可为多个页面，每页播放一首歌曲 海报分享页则针对每首歌曲生成海报，并引导用户分享
作品风格	根据本次宣传活动的性质，作品风格应热烈、喜庆而又亲民，还具有年代感与历史的厚重 作品风格既体现在耳熟能详的革命歌曲选择和文案、配图等内容风格上，也体现在作品的配色、构图、字体等版面设计风格中
难度分析	公司为中国共产党建党 100 周年主题纪念活动重点打造，该作品应为专业级别，不是通过套用模板简单生成的普通作品 该作品就其内容与结构而言，在专业级作品中的难度不很大，难度指数★★☆☆☆

🌐 **任务实施**

1. 完成分组，3~4 人为一组，选出组长。

2. 对"心中的歌献给党"H5 策划任务按照先后顺序拆解为创意构思、设计规划、整体策划 3 个子任务，完成不同形式的文档，如表 3-2 所示。

3. 组长将子任务布置给团队成员，由专人负责，大家分工合作。

表 3-2 《心中的歌献给党》任务实施

子任务	输出形式	完成时间	负责人
创意构思	思维导图	2021 年　月　日	
设计规划	原型图	2021 年　月　日	
整体策划	策划方案	2021 年　月　日	

📋 **任务成果**

子任务 1　创意构思

团队经过多次讨论与头脑风暴，形成三级作品结构与内容构思，利用 MindMaster 或 Xmind 软件制作思维导图，如图 3-2 所示。

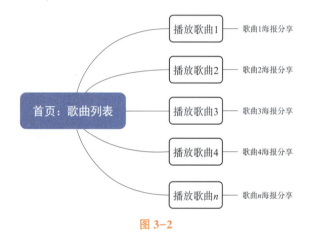

图 3-2

子任务 2　设计规划

团队根据本项目的需求方向、内容布局与设计风格，对作品的三级结构的页面进行版式规划，设计出 3 张原型图。

简易原型图可以是手绘版的，专业级别原型图可以用 Photoshop 或其他绘图软件制作。

子任务 3　策划作品

团队按照形成的创意构思与原型图，策划每个页面的内容与互动功能设计，完成策划方案，如图 3-3 所示。

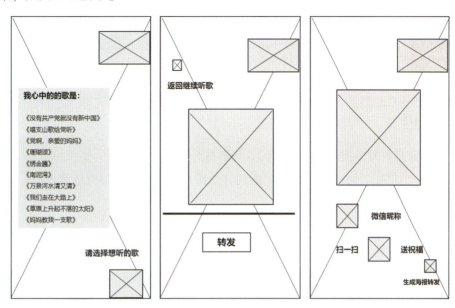

图 3-3

为顺利完成任务，团队应先展开讨论，然后完成作品策划，如表 3-3 所示。

表 3-3 《我心中的歌》作品策划

作品页码	原型图	页面内容	互动设计	音效
第 1 页		建党百年主题背景图片 文案："我心中的歌是" 重点：革命歌曲名称列表 静态图：唱片、唱针 动态图：钢琴、音符	唱片 360 度旋转，形变动画，循环播放 "请选择想听的歌"，闪烁动画 每一首歌的名称设置按钮，跳转到相应歌曲的播放页面	无背景音乐与其他音效
第 2~11 页		10 个页面的视觉元素相同：背景、唱片、唱针、按钮	唱片 360 度旋转，形变动画，循环播放 "返回继续听歌"，制作返回首页的按钮 "转发"，制作跳转到每首歌相应的海报分享页面	在每个页面中插入不同的音频，播放一首歌曲
第 12~21 页		每首歌曲对应的海报分享	设置微信头像与微信昵称 将背景图片、微信头像、微信昵称、作品二维码合成图片，制作海报 "生成海报转发"，引导用户分享	无背景音乐与其他音效

任务二 准备素材

任务目标

1. 根据前期策划，搜集作品所用的音频素材。
2. 根据原型图，对 H5 作品三个层级的背景图片进行处理，并查找其他图片素材。

任务分析

本作品为音频类 H5，音频素材的查找是作品素材准备中的重点工作。音频素材来源比较庞杂，除了知名的云音乐平台可以提供下载服务，还有很多大大小小的音频素材库，免费或收费的都有。要完成本任务，学生有必要了解各类音频素材库，平时多做积累。

1. 知名云音乐平台

国内有若干知名音乐类门户网站，如网易云音乐、QQ 音乐、酷我音乐等，如图 3-4 所示。这些平台的音乐品类与内容丰富，音频质量较高，搜索智能，使用与下载得简便。在上述云音乐平台下载音乐需要付费，一般按月向用户收取费用。

图 3-4

 注意：

在这些平台进行付费下载时，通常不能用于商业目的，否则可能会涉及版权纠纷，不过用于个人学习或教育领域的小范围使用一般没有问题。

2. 免费音频素材库

国内外有很多免费音频素材库，如爱给网、淘声网、耳聆网，如图 3-5 所示。

图 3-5

爱给网专注于免费素材分享，分类囊括音乐、平面、视频等，但最有名的还是它的音乐素材。超大的音效、配乐库，各种类型的音效和配乐均有，大部分可免费下载，但使用的时候要看清楚右边的信息，注意是否可以商用。

淘声网是一个音乐素材聚合搜索网站，探索全球 1 000 000 多个的声音资源。数据来源于耳聆网、Freesound、Looperman 等国内外众多知名声音平台，音频拥有明确的免费授权使用许可，让创作者免受版权问题困扰。

耳聆网提供下载各种音效和配乐免费，类型包括自然、生活、人声、器乐等。支持到源文件页面下载，也可以用下载器下载。每个音频都会标明格式、大小、使用协议等，非常人性化。

除此之外，还有很多规模比较小的音频素材库，素材来源比较庞杂，不少音频文件没有版权备注，一般可以用于个人非商业项目使用。

🌐 任务实施

本任务主要分为音频素材查找、图片素材处理两项子任务，组长将子任务布置给团队成员，由专人负责，按期完成，如表 3-4 所示。

表 3-4　《心中的歌献给党》任务实施

子任务	输出形式	完成时间	负责人
音频素材查找	音频链接	2021 年　月　日	
图片素材处理	静态与动态图片	2021 年　月　日	

子任务 1　查找音频素材

步骤 1：

打开音频链接搜索网站（https://music.liuzhijin.cn/），如图 3-6 所示。

图 3-6

步骤 2：

输入需要获取的音频名称，如图 3-7 所示。

图 3-7

步骤 3：

单击"Get"按钮，获取音频并复制音频链接（http://music.163.com/song/media/outer/url？id=5234192.mp3），如图 3-8 所示。

图 3-8

子任务 2　处理图片素材

步骤 1：

将设计素材分层保存（如背景图片、碟片图片等）将图层导入文件中，如图 3-9 所示。

图 3-9

步骤 2：

将文件导出，选择格式为"PNG24 文件类型"，勾选透明区域及裁切图层，单击"运行"按钮，如图 3-10 所示。

存储为 PNG24

chapter-1ima chapter-1ima chapter-1ima
ge1.png   ge2.png   ge3.png

导出后的素材文件

图 3-10

步骤 3：

打开图片素材官网搜索 GIF 动画：https://588ku.com/，搜索音符 GIF 动画及钢琴 GIF 动画下载素材，如图 3-11 所示。

图 3-11

任务成果

音频素材成果

按歌曲列表依次查找到的音频链接如图 3-12 所示。

（1）没有共产党就没有新中国：
http://music.163.com/song/media/outer/url?id=395357.mp3
（2）唱支山歌给党听：
http://music.163.com/song/media/outer/url?id=1824484980.mp3
（3）党啊，亲爱的妈妈：
http://music.163.com/song/media/outer/url?id=1914685982.mp3
（4）珊瑚颂：
http://music.163.com/song/media/outer/url?id=5276829.mp3
（5）绣金匾：
http://music.163.com/song/media/outer/url?id=1895376645.mp3
（6）南泥湾：
http://music.163.com/song/media/outer/url?id=1304301128.mp3
（7）万泉河水清又清：
http://music.163.com/song/media/outer/url?id=5234222.mp3
（8）我们走在大路上：
http://music.163.com/song/media/outer/url?id=5281541.mp3
（9）草原上升起不落的太阳：
http://music.163.com/song/media/outer/url?id=5234213.mp3
（10）妈妈教我一支歌：
http://music.163.com/song/media/outer/url?id=1914685989.mp3

音频素材成果

图 3-12

三个层级的 H5 页面背景图片展示如图 3-13 所示。

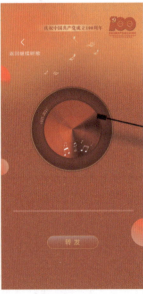

图 3-13

任务三 制作 H5 作品

任务目标

应用方正飞翔数字版制作 H5 作品《心中的歌献给党》。

任务分析

根据前期策划，作品共 21 个页面，整体结构分为 3 个部分。

1. 首页：歌曲列表，引导用户选择歌曲收听。

功能制作：形变动画、强调动画、多个按钮制作。

2. 第 2~11 页：10 首歌曲收听的页面。

功能制作：插入音频并设置、按钮制作。

3. 第 12~21 页：每一首歌曲的生成海报，引导用户分享。

功能制作：合成图片制作、调用用户微信头像与昵称、按钮制作。

任务实施

本任务按作品结构主要分为首页制作、第 2~11 页制作、第 12~21 页制作、作品发布 4 个子任务，组长将子任务布置给团队成员，由专人负责，按期完成，如表 3-5 所示。

表 3-5 《心中的歌献给党》任务实施

子任务	输出形式	完成时间	负责人
首页制作	工程文件	2021 年　月　日	
第 2~11 页制作	工程文件	2021 年　月　日	
第 12~21 页制作	工程文件	2021 年　月　日	
作品发布	二维码与作品链接	2021 年　月　日	

子任务 1　制作首页

步骤 1：新建文件

打开方正飞翔数字版软件，新建文档，选择标准-竖版页面，版面设置为：页面共 21 页，页面大小为全面屏 640×1 260px，即宽度为 640px，高度为 1 260px，如图 3-14 所示。

单击"确定"按钮便可保存制作的文件。

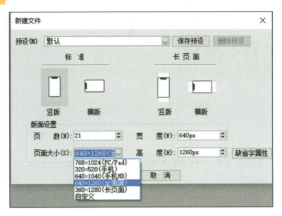

图 3-14

步骤 2：首页插入素材

（1）单击插入选项卡-图片，选择背景图片、唱片、唱针、00127 等 PNG 静态图片素材置入，再选择钢琴、音符等 GIF 动态图片素材置入。

（2）用选择工具选中静态与动态图片，按住 Shift 键等比例放大，并将其放置在合适的位置，如图 3-15 所示。

图 3-15

（3）单击浮动面板-对象管理，可以看到插入的素材名称，以及各个素材在软件编辑版面中的可见性和 H5 作品中的可见性。

（4）选中背景图片，单击鼠标右键，选中"普通锁定"（快捷键 F3），或在"对象管理"浮动面板中，单击背景图片名称 chapter-1image1 的灰色锁头图标，将背景图片设为锁定状态，这样可以避免后期出现素材选择错误的问题，如图 3-16 所示。

图 3-16

步骤 3：首页动画设置

1. 形变动画设置

（1）选中红色的唱片图片，单击动画选项卡-形变动画或单击浮动面板-动画-添加效果-形变动画，弹出"形变动画设置"对话框，如图 3-17 所示。

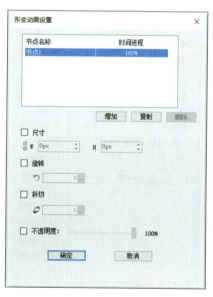

图 3-17

（2）在"形变动画设置"对话框中单击"增加"按钮增加新节点，将新节点的时间进程设置为 1%，新节点名称改为"节点 1"，将原节点名称改为"节点 2"。选中节点 2，勾选下方的"旋转"，并设置旋转角度为 360°，单击"确定"按钮，如图 3-18 所示。

图 3-18

（3）在"动画"浮动面板中将"形变动画"的持续时长设置为"4 秒"，并选择
"循环播放"，如图 3-19 所示。

图 3-19

2. 强调动画设置

（1）选中名称为 00127 的"请选择想听的歌"图片，单击"动画"选项卡中的黄

色图标强调动画的"闪烁"或单击"浮动面板"–"动画"–"添加效果"–"强调"–
"闪烁",如图3-20所示。

图 3-20

（2）在动画浮动面板中将"闪烁动画"的持续时长设置为"4秒"，并选择"循环播放"。

步骤 4：首页按钮制作

（1）在10首歌曲的歌名中制作按钮，以跳转到播放相应歌曲的页面。为了不影响制作效果，可以在"对象管理"浮动面板中，关闭除了背景图片之外的其他对象在飞翔版面中的可见性，单击其他对象前面的眼睛图标，将其变为灰色，如图3-21所示。

图 3-21

（2）单击工具栏中的"矩形"，绘制矩形将10首歌曲中的某一首歌名框住，在"对象"选项卡中设置矩形的宽度为"640px"，高度可设置为"55～60px"。同时，将矩形的线性设置为"空线"，如图3-22所示。

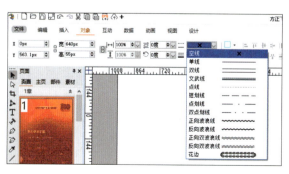

图 3-22

（3）选中刚刚绘制完的矩形，单击鼠标右键，将"互动"-"转为按钮"功能-"将选中一至三个普通对象形成按钮，上面对象为初始状态"，如图 3-23 所示。

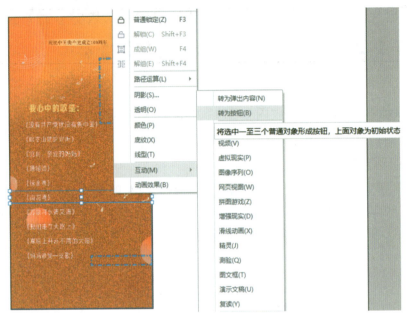

图 3-23

（4）将刚刚制作的按钮复制 9 份，分别对应其他 9 首歌曲的歌名处。

（5）因 2~11 页为按照首页中从上到下的 10 首歌名顺序依次播放歌曲，需要为 10 个按钮添加动作，在"按钮"浮动面板中单击"添加动作"-"切换页面"-"转至指定页"，按从上到下的歌名顺序，依次转至第 2~11 页，如图 3-24 所示。

图 3-24

步骤 5：预发布作品

（1）单击右侧浮动面板中的"发布设置"，标题输入：心中的歌献给党。

（2）单击右下方"上传"按钮。

（3）单击"查看上传结果"按钮便可，跳转到方正飞翔官方网站作品管理页面，单击"作品"并下载二维码，如图 3-25～图 3-27 所示。

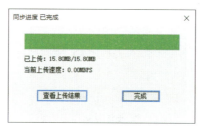

图 3-25

图 3-26

图 3-27

子任务 2 制作第 2~11 页

步骤 1：第 2 页制作

（1）插入名为 chapter-2image8 背景图片，以及 chapter-2image10 与 00126 的 PNG 图片，并调整到合适的尺寸与位置，如图 3-28 所示。

（2）将首页中已设置形变动画的唱片图片复制到第 2 页，单击"对象"选项卡-版心水平居中，使唱片图片置于版心居中位置。插入 chapter-2image12 的 GIF 动图，复制唱针图片到第 2 页，都调整至合适的位置，如图 3-29 所示。

图 3-28

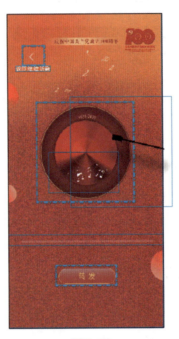

图 3-29

步骤 2：插入音频

（1）单击"插入"选项卡中的音视频，在"插入音视频"对话框中单击"网络音视频"，如图 3-30 所示，输入"没有共产党就没有新中国"歌曲的网络链接地址并确定。由于作品中播放歌曲页面较多，可以单击工具栏-文字，在版面外空白处打字，输入对应的歌曲名称，以保证文字不混淆。

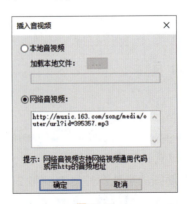

图 3-30

（2）选中音频占位符，在"互动属性"浮动面板中设置音频属性，即将音频占位图设置为"透明"，勾选"自动播放"与"循环播放"，如图3-31所示。

图 3-31

（3）按钮制作。单击"互动"选项卡按钮，插入提前制作好的"转发"和"返回"按钮。接下来，为"返回"按钮添加转至首页的动作，为"转发"按钮添加转至第12页的动作，如图3-32所示。

图 3-32

步骤 3：第 3~11 页制作

（1）将第 2 页复制到第 3~11 页。

（2）将播放歌曲的音频链接与空白处的歌曲名称进行修改，使各页依次播放首页第2~10 首歌曲。

（3）将第 3~11 页的"转发"按钮分别添加转至第 13~21 页的动作中。

子任务 3　制作第 12~21 页

步骤 1：第 12 页制作

（1）插入第 12 页背景图片及本作品预发布二维码，并调整至合适的尺寸与位置。

（2）单击"数据"选项卡中的"微信头像"与"微信昵称"，此功能可以调用观看该作品用户的"微信头像"与"微信昵称"，便于用户分享。

（3）选中版面中插入的"微信头像"，在"互动属性"浮动面板中可以调整"微信头像"的头像来源与展示形状。该作品中头像来源可设置为"访问者"，展示形状为

"圆形",将其置于背景图片的白色圆形位置并调整至合适的大小,如图 3-33 所示。

图 3-33

(4)选中版面中插入的"微信昵称",在"互动属性"浮动面板中可以调整"微信昵称"的来源、字号、颜色、在文本框中的对齐方式等。由于考虑配色设计问题,此处的昵称文字颜色可以采用与本页其他文字一致的"纯黄",字号设为"小初",如图 3-34 所示。

图 3-34

（5）合成图片制作：按住 Shift 键同时选中背景图片、微信头像、微信昵称及本作品预发布二维码，单击"互动"选项卡中的"转合成图片"，将三个元素合成为一张图片，为用户分享海报做好准备。注意"转合成图片"的功能说明，如图 3-35 所示。

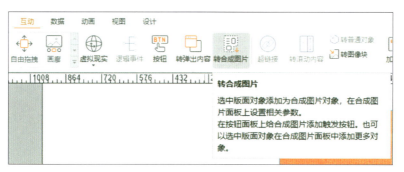

图 3-35

（6）插入耳机图片，调整其大小与位置。单击"互动"选项卡中的按钮图标，选择有"生成海报转发"字样的按钮图片，给已合成的图片添加触发按钮。接下来，在"创建按钮"对话框中勾选"添加按钮动作"，选择"执行合成图片"，如图 3-36 所示。

图 3-36

步骤 2：第 13~21 页制作

（1）复制第 12 页内容，粘贴到第 13~21 页。

（2）进入第 13 页的背景图片，单击"浮动面板"选项卡的"图像管理"，单击下方的"重设"，在"排入图片"对话框选择×××图片，单击便可打开，完成图片替换，如图 3-37 所示。

图 3-37

（3）第 14~21 页依次执行与第 13 页相同的操作，便完成设置，如图 3-38 所示。

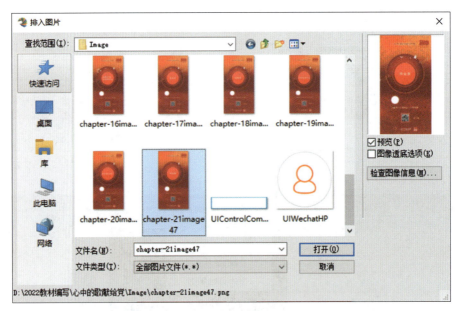

图 3-38

子任务 4　发布作品

在方正飞翔数字版中对 H5 作品《心中的歌献给党》进行发布设置，然后将其发布。

步骤 1：加载页设置

（1）单击"互动"选项卡的加载页，在弹出的对话框中进行加载页设置，如图 3-39 所示。

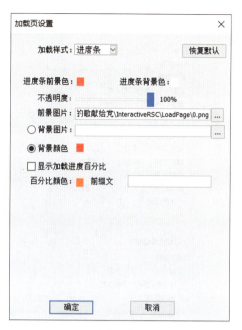

图 3-39

（2）加载样式选择"进度条"，进度条前景色，如图 3-40 所示，进度条背景色设为白色。

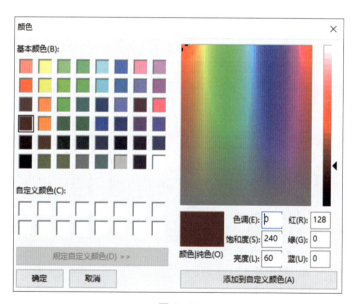

图 3-40

步骤 2：发布设置

（1）单击"浮动面板"中的"发布设置"，在浮动面板中设置。

（2）翻页设置：取消勾选"翻页图标"，勾选"禁止滑动翻页"，这种设置将不允许用户自行滑动翻页。

（3）将适配方式选择"宽度适配，垂直居中"，如图 3-41 所示。

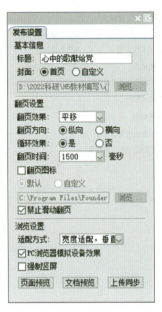

图 3-41

步骤 3：作品发布

（1）单击文件菜单下的"保存并同步至云端"，保存作品并输出成品文件为 H5，在线发布到云端（方正飞翔的个人空间），如图 3-42 所示。

图 3-42

（2）预览并发布：在方正飞翔个人空间的 H5 作品列表中可以看到上传的作品，单击预览，在作品预览中输入作品标题、简短描述，并上传不小于 300×300px 的缩略图，然后便可发布作品，如图 3-43 和图 3-44 所示。

图 3-43

图 3-44

制作并发布完成的 H5 作品《心中的歌献给党》成果的加载页与三级页面，如图 3-45 所示。

图 3-45

项目训练

模拟训练

学生分组进行音频类 H5 作品模拟训练，按照上述教学内容完成《心中的歌献给党》作品的策划与制作。

拓展训练

学生分组进行音频类 H5 作品创意训练，每组应充分讨论，自定选题，按照上述任务顺序进行音频类 H5 作品的策划、素材准备与制作发布，将任务成果填写在相应的活页中或自行加页完成。

项目四　视频类 H5 作品策划与制作

项目描述

　　小王所在的传媒公司准备策划制作以"人类与病魔抗争，热爱生命"为主题的 H5 作品。他们关注到云南"绿洲艺术团"这个当地癌症康复协会下的文艺团体，其团员们都是癌症患者，但他们热爱舞蹈与歌唱，积极乐观，向死而生。

　　公司相关负责人在前期选题会上讨论后，对该作品提出了如下要求。

　　1. 作品内容反映"绿洲艺术团"团员的生活与精神风貌。

　　2. 作品要让用户破除关于癌症的刻板印象，体会艺术团成员对生命的热爱，感受他们的精彩人生。

　　3. 作品采用多媒体形式，创作素材以艺术团的真实资料为主。

　　小王带领新媒体部门 2~3 人，根据上述要求进行作品策划，准备素材并设计、制作完成了 H5 作品《绿洲艺术团》，请扫描二维码观看。

知识目标

1. 了解视频类 H5 作品的策划特点。
2. 熟悉视频类 H5 作品的设计与制作流程。

技能目标

1. 能够熟练使用制作工具实现视频类 H5 作品的策划与制作。
2. 能够灵活运用所学方法和设计规范，举一反三进行视频类 H5 作品的创作。

素质目标（思政目标）

1. 培养学生在身处人生困境时不畏艰难、勇于抗争的精神。
2. 激发学生热爱生命的情怀，让他们拥有"活出精彩人生"的力量。

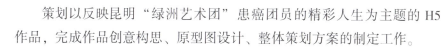

任务一 策划 H5 作品

任务目标

策划以反映昆明"绿洲艺术团"患癌团员的精彩人生为主题的 H5 作品，完成作品创意构思、原型图设计、整体策划方案的制定工作。

任务分析

为了顺利完成任务，团队进行讨论，认为作品本质上是一种非虚构写作与融媒体表达。非虚构作品的对象作为故事的主角和中心，其语言、行为、心理活动等细节直接反映人物的性格特征，传递出人物的态度和思想感情，并奠定内容的情感基调。

本选题立足于真实生活，聚焦癌症患者群体，以图文、音视频等形式展示这个特殊人群组成的艺术团，特别是艺术团成员个人与群体的视频片段，真切表现了他们积极、乐观的生命状态，因此作品定名为《听见生命的回响》。这部非虚构作品记录真实人物故事，聚焦特殊人群，展现鲜活个体，给用户提供了极具人文关怀的情感价值。

表 4-1　《听见生命的回响》任务分析

作品名称	听见生命的回响
任务需求	该 H5 作品要通过讲述"绿洲艺术团"成员的真实人生故事，反映团员们身处逆境仍热爱生活的不屈精神
作品内容	作品以拼图游戏的形式展示团员的群像，然后以多媒体形式展现 6 名团员的抗癌故事与他们在艺术团的精彩人生经历，并以视频形式展示艺术团群像
作品结构	作品共 12 页，除了封面、封底外，正文共 10 页 第 1 页：封面 第 2、3 页：艺术团简介 第 4 页：合影拼图导航页 第 5~10 页：艺术团成员代表个人介绍 第 11 页：艺术团群像 第 12 页：封底
作品风格	根据作品的主题与内容，作品整体风格庄重，郁郁葱葱的绿色森林作为每页的背景图片，象征生命之树常青
难度分析	作品制作难度不大，难度指数 ★ ★ ☆ ☆ ☆

> 🎯 任务分析

融媒体时代的非虚构写作

1. 非虚构写作的定义

非虚构写作是以文学化、叙事化、情感化的呈现方式反映故事真实的内核、表达人文关怀与社会关切意识的一种创新形式的新闻文体。

2. 非虚构写作的特点

非虚构写作以真实性、文学性、叙事性与公共性为价值追求，在保证真实性的前提下，用故事的形式去呈现新闻事件或人物。真实准确一直都是新闻的首要准则，而这一准则在新闻非虚构作品上也同样适用。非虚构写作不能按照文学作品的要求来处理，必须完全遵循新闻"完全真实"的规定，禁止合理想象和虚构细节。

3. 非虚构写作的融媒体化

传统媒体的非虚构写作往往体现为特稿，在移动互联网与社交媒体飞速发展的背景下，呈现方式与手段更加丰富灵活。融媒体时代以各种传播机构和自媒体作为生产主体，无论是文字、图像、声音、影像还是H5交互融媒体形式存在的媒介内容，都可以通过非虚构写作及多媒体表达，得到用户的情感认同，达到更具广度与深度的传播效果。

新型非虚构作品打破固定的模式化的写作，弱化以作者为第一视角的叙述角度，采取更加灵活多变的角度去叙述，达到拉近读者距离的效果。叙事技巧和角度灵活转换运用，多角度的叙事使故事与人物更加立体、客观和真实。而丰富的报道与表现手段使用户更容易把握和接受内容的核心，从而达到更好的效果。

4. 新媒体非虚构写作主题的变化

在移动互联网、社交媒体与短视频共同塑造的新兴传播格局中，非虚构写作出现在新媒体平台上，继承了特稿和非虚构文学传统，非虚构作品主题与传统新闻主题相比更宽泛，有社会热点事件、人物故事、社会问题等。另外，选题涉及范围扩大了，既包括对社会热点事件与社会问题的关注，也涉及对边缘群体、小众圈层的展示，具有对公共领域情感关怀的属性。

新型非虚构作品更加注重普通人的生存状态，关注身边的真实人物与事件，打破了传统媒体以优秀人物与典型事件为主题以及预设的话语体系，促进新闻非虚构写作选题的多样化，从选题到表达方式都更加广泛。融媒体时代的非虚构写作主人公往往是那些以往不被关注的底层人物、社会边缘人群，包括留守儿童、抑郁症患者等群体也逐渐进入大众的视野。

5. 社交媒体促进非虚构写作的情感传播

在互联网发展之前，非虚构文体缺乏与受众之间的反馈机制和互动交流。随着互联网深度介入到日常生活，以微信、微博、抖音为代表的社交媒体平台构建了新型传播环境。社交媒体加强了人与人之间的情感联系，使社会交往能够突破时间和空间的限制，为非虚构作品提供了广泛传播与扩散的新路径。各种非虚构作品通过用户阅读、观看、点赞和转发行为，在自发分享中，传播节点不断裂变呈指数级增长，刷屏朋友圈，从而触达到更广泛的用户圈层，进而影响整个网络公共空间的走向，然后实现用户与非虚构写作文本中情感的双向影响。

🌐 **任务实施**

1. 完成分组，3~4 人为一组，选出组长。

2. 对《听见生命的回响》H5 策划任务按照先后顺序拆解为创意构思、设计规划、整体策划 3 个子任务，完成不同形式的文档。

3. 组长将子任务布置给团队成员，由专人负责，分工合作，如表 4-2 所示。

表 4-2 《听见生命的回响》任务实施

子任务	输出形式	完成时间	负责人
创意构思	思维导图	年　月　日	
设计规划	原型图	年　月　日	
整体策划	策划方案	年　月　日	

📋 **任务成果**

子任务 1　创意构思

团队经过多次讨论与头脑风暴，形成五级作品结构与内容构思，利用 MindMaster 或 Xmind 软件制作思维导图，如图 4-1 所示。

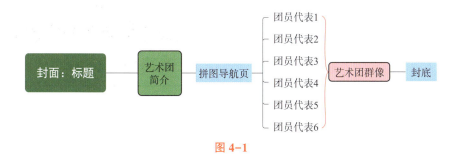

图 4-1

子任务 2　设计规划

团队根据本项目的需求方向、内容布局与设计风格，对作品各个部分的页面进行版式规划，并设计原型图。

部分页面的简易原型图如图 4-2~图 4-5 所示。

图 4-2　封面

图 4-3　导航页

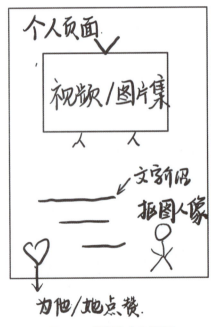

图 4-4　团员代表介绍页

图 4-5　团员群像页

子任务 3　策划作品

团队按照形成的创意构思与原型图，策划每个页面的内容与互动功能设计，完成策划方案的撰写，如表 4-3 所示。

作品共 12 页，除了封面、封底外，正文有 10 页。

第 1 页：封面。

第 2~3 页：艺术团简介。

第 4 页：合影拼图导航页。

第 5~10 页：艺术团成员代表个人介绍。

第 11 页：艺术团群像。

第 12 页：封底。

表 4-3 《听见生命的回响》策划方案

结构部分	作品页码	页面内容	互动设计	音效
第 1 部分：封面	第 1 页	作品主标题："听见生命的回响"，设为 7 个文字块 副标题："昆明绿洲艺术团、一个艺术团的生命之歌" 背景图片为郁郁葱葱的绿色山林，作品中以此作为所有页面的主要背景	背景图片与主副标题、线条等元素以各种预设动画方式进入 自动翻页进入下一页 注：该页为横屏制作，竖屏显示	背景音乐为《步履不停》
第 2 部分：艺术团简介	第 2~3 页	第 2 页： 文字块：艺术团介绍 文字转图像块：我们这个团门槛有点高 文字块背景为黑色半透明蒙版 第 3 页： 整页设置黑色半透明蒙版竖屏转横屏的提醒图标	第 2 页文字块为滚动内容，其他元素为预设动画 第 3 页的横屏图标为闪烁动画，提醒用户翻转手机，横屏观看 注：第 2~3 页为横屏制作，竖屏显示	
第 3 部分：合影拼图导航页	第 4 页	背景图为绿洲艺术团合照，以拼图形式展现	闪动的 6 块拼图作为导航按钮，可跳转到艺术团成员代表个人介绍页面 注：从第 4 页开始到封底都是横屏制作，横屏观看	

续表

结构部分	作品页码	页面内容	互动设计	音效
第4部分：艺术团成员代表个人介绍	第5~10页	每一页有团员代表的个人文字介绍 第5和第8页有团员练习舞蹈的视频 第6~10页有展示团员风采的照片，第6~7页还有个人自述录音	第5~10页：所有文字块为滚动内容，自动循环滚动，不显示滚动条 视频自动播放，显示播放控制 音频自动播放，播放时背景音乐自动静音，显示音频占位符 每页设置返回按钮，第4页导航页的按钮："查看更多人物故事"	
第5部分：艺术团群像	第11页	展示艺术团日常生活的视频，时长为3分钟以内	视频自动播放，显示播放控制 返回第4页的按钮	
第6部分：封底	第12页	纪念艺术团已故成员、展示艺术团多张合影	艺术团多张合影以画廊形式自动播放、无缝切换 纪念与致谢文字块设置为路径动画，从底部向上出现	

任务目标

1. 根据前期策划，查找并创作本作品所用的素材。
2. 根据原型图，对 H5 作品的素材进行处理。

任务分析

本作品中除了视频，还有不少文案、图片、音频等内容。该作品是非虚构作品，关于绿洲艺术团的内容需要团队亲自采访、录音与拍摄。

该作品主要分析 3 个视频素材的拍摄与处理，最终作品中两个艺术团成员个人的视频时长控制在 30 秒之内，艺术团群体视频时长控制在 3 分钟之内。虽然都是短视频，但拍摄的素材要足够多，最终才能剪辑形成符合主题突出要求的视频。

作品是生活记录类的人物故事，主人公都是普通人，内容贴近日常生活，让用户更有代入感。生活记录类视频的画面效果最突出的便是真实感，能够明确传达给受众的是普通人在生活中的日常生活。

一般情况下，视频呈现的优质画面更能吸引用户的目光。但不同于其他类型的短视频，用户对日常人物故事类型视频画面的精美程度一般不会有苛刻的要求，视频本身对于生活的真实记录才是用户更关注的重点。视频画面要突出主题，让用户在可以感受日常生活中烟火气的同时，还能体会艺术团成员顽强向上的生命力量，通过情感传播吸引更多用户的目光。

本作品中的视频拍摄的是户外艺术团活动的场景，横屏拍摄。两个团员个人视频都是单一的舞蹈练习场景。艺术团群体视频需要拍摄多人多场景，有集体舞蹈练习、对话，也有个别成员的特写与采访镜头，内容和画面要比较丰富。

H5 作品中视频素材的拍摄与处理注意事项

1. 视频素材的收集

可以通过视频素材网站、App 和新闻视频等多种方式进行收集，将收集到的与 H5 主题相关的视频素材进行整理和分类，以便后期的制作。常用的视频素材网站有新片场、V电影、豆丁素材网、潮点视频网、做视频网、后期菌，国外的 Pond5、Pixabay 等。

2. 拍摄前的准备

（1）拍摄设备的选择。

市面上的拍摄设备种类繁多，常见的除了手机，还有单反相机、微单相机、摄像机、运动相机等，不同的设备有不同的适用场景和优缺点，在选择拍摄设备时要根据自己的需求和预算进行选择。

（2）拍摄场景的选择。

不同的场景可以表现不同的主题和风格，因此，可以根据项目的需求和创意选择不同的场景进行拍摄。一定要拍摄前就明确好场景并提早做好现场探查，探查时要将会发生的意外事故查清楚，再确定场景是不是可选用，有一定的准备在拍摄的时候可降低突发情况的可能性。一定不能马上开始拍摄了才临时找场所，以防出现不可知因素。

3. 拍摄时注意事项

（1）注意构图。

在绘画、摄影和平面构图设计中，最讲究的是构图，若要构成视频协调完整的画面，需要组织好要表现的形象。防止拍摄过程中画面混乱，拍摄的对象如果表现得不突出，可以通过对构图将作品主体突出出来，主次要分明，画面要简洁明晰，赏心悦目。摄影师最好还是选用有一定摄影基础的，或者审美比较好的，以避免出现画面杂乱，构图混乱的状况，确保画面的美感。

（2）注意防抖。

拍摄时一定要手稳，不能有晃动。因此要注意以下两点。

第一点，利用防抖器材，比如三脚架、独脚架、防抖稳定器等，根据所用的拍摄设备进行配备。

第二点，拍摄时注意动作和姿势，避免动作的大幅度调整。在移动拍摄中，拍摄者上身的动作量应减少，下身缓慢小碎步移动；走路的时候保持上半身稳定只移动下半身；镜头需要转动时，以上身为旋转轴心，拍摄时尽量保持双手关节不动。

（3）注意运镜。

运镜是通过运动摄影来拍摄动态景象，使镜头表现出活力。可以使用稳定器灵活运镜，能够达到平滑流畅的效果，让画面有气氛和情绪。拍摄时注意画面要有一定的变化，可以使用镜头的推、拉、跟等拍摄手法，使画面富于变化，如果横着的运动摇晃镜头会让画面更有感觉。人物定点拍摄时，通过推镜头让全景、中景、近景、特写将整个画面进行切换，提升画面的质感。

（4）注意光线。

在拍摄过程中要运用顺光、逆光、侧逆光、散射光等来突出表现物体与人物，还要确保视频的清晰度。场地的光线不足时，可以适当使用打光的方法来补足。

4. 视频后期制作

（1）视频剪辑软件的选择。

常见的视频剪辑软件有 Adobe Premiere、Final Cut Pro、剪映等，它们有不同的功能和适用场景，要根据项目需求与预算选择使用。

（2）后期制作技巧。

在后期制作时，需要对收集到的视频素材进行剪辑、调色、特效制作等多种操作。视频剪辑后还要进行一定的后期制作，如添加字幕、背景音乐、配音、滤镜等。但是添加动画特效时要注意适可而止，H5 作品如果已经有较多动画，视频中一般不需要额外添加过多动画。

5. 视频时长要适当

H5 作品中的视频时长要适当，不宜太长，一般控制在 60 秒以内。现在主流短视频平台上播放的视频一般都为 20～60 秒。通常在 30 秒之后，用户的耐心就开始下降了。H5 作品为了顺利加载与移动端传播，文件不宜太大，最好不超过 50MB。作品中各类素材都要注意文件大小，特别是视频，最好控制在 60 秒之内。

任务实施

本任务主要分为素材查找与创作、素材加工与处理两项子任务，组长将子任务布置给团队成员，由专人负责，按期完成，如表 4-4 所示。

表 4-4　户外艺术团活动任务实施

子任务	输出形式	完成时间	负责人
素材拍摄与录音	音频、视频	年　月　日	
素材剪辑与处理	音频、视频	年　月　日	

任务成果

三个视频的截图如图 4-6～图 4-8 所示。

图 4-6

图 4-7

图 4-8

任务目标

应用方正飞翔数字版制作 H5 作品《听见生命的回响》。

任务分析

根据前期策划，作品共 12 个页面，整体结构分为 6 个部分。

1. 首页

功能制作：横屏制作竖屏显示、预设动画。

2. 第 2~3 页

功能制作：横屏制作竖屏显示、滚动内容、预设动画。

3. 第 4 页

功能制作：导航按钮制作，从这一页开始，横屏制作、横屏观看。

4. 第 5~10 页

功能制作：滚动内容、音频与视频设置、按钮制作。

5. 第 11 页

功能制作：视频设置、按钮制作。

6. 第 12 页

功能制作：画廊、路径动画。

任务实施

本任务按作品结构主要分为首页制作、第 2、3 页制作、第 4 页制作、第 5~10 页制作、第 11 页制作、第 12 页制作作品发布等 7 个子任务，组长将子任务布置给团队成员，由专人负责，按期完成，如表 4-5 所示。

表 4-5 《听见生命的回响》任务实施

子任务	输出形式	完成时间	负责人
制作首页	工程文件	年 月 日	
制作第 2、3 页	工程文件	年 月 日	
制作第 4 页	工程文件	年 月 日	
制作第 5~10 页	工程文件	年 月 日	

续表

子任务	输出形式	完成时间	负责人
制作第 11 页	工程文件	年　月　日	
制作第 12 页	工程文件	年　月　日	
发布作品	二维码与作品链接	年　月　日	

子任务 1　制作首页

步骤 1：新建文件

打开方正飞翔数字版软件，新建文档，选择标准-横版页面，版面设置为：页面共 12 页，页面大小为全面屏 640×1 260px，即宽度为 1 260px，高度为 640px，如图 4-9 所示。

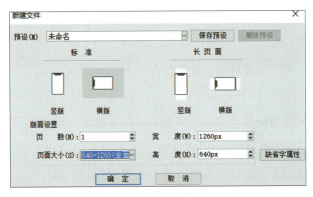

图 4-9

步骤 2：首页插入素材

插入背景及前景图片素材，并摆放在合适位置。

 注意：

本页与第 2~3 页都是横屏制作竖屏显示，将各素材在选项卡-对象中旋转 90 度，并在互动选项卡中转为图像块。

步骤 3：设置动画效果

设置背景图片光速进入、线条滑动进入、每个字的跌落进入等动画，如图 4-10 所示。

图 4-10

步骤 4：设置加载页

单击互动选项卡加载页，选择加载样式为："进度条"；前景色为白色，进度条背景色为绿色；不透明度"83%"；背景图片选择 LoadPage 文件夹中标有"一个艺术团的生命之歌"的竖版图片；不显示加载进度百分比，如图 4-11 所示。

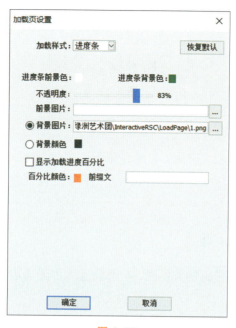

图 4-11

子任务 2　制作第 2~3 页

步骤 1：制作第 2 页

（1）插入背景及前景图片素材，并摆放在合适位置。

（2）输入关于艺术团介绍的文字，将文字块置于半透明黑色蒙版上并旋转 90°，在互动选项卡中将文字块转为"滚动内容"，设置为"自动滚动""循环滚动"，不显示滚动条，如图 4-12 所示。

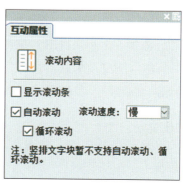

图 4-12

（3）设置动画效果如图4-13所示。

图4-13

步骤2：制作第3页

（1）复制第2页，删除文字块，将黑色蒙版放大至全屏，插入横屏提醒图标。

（2）设置动画效果：删除黑色蒙版动画，当背景图动画之后，设置横屏图标的闪烁强调动画。

子任务3　制作第4页

（1）插入黑色蒙版与带框的大拼图，6个橙色的拼图描边与单击提示语，都摆放在合适的位置。

（2）单击互动选项卡中的"自由拖曳"，依次打开4个准备好的斜放小拼图，如图4-14所示。

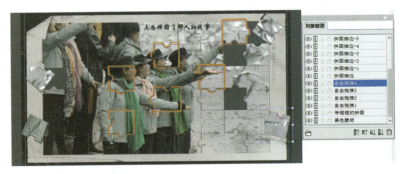

图4-14

（3）单击互动选项卡-按钮，添加6个小块拼图，并放置在描边中的合适位置。

（4）设置动画效果：将4个自由拖曳设为跌落进入，5个按钮设为"飞升进入"，之后将6个拼图描边设为"闪烁强调动画"，以提醒用户单击描边中的按钮。

子任务4　制作第5~10页

步骤1：制作第5~10页模板

在第5页插入背景图、黑色蒙版、黄色矩形框与人名文字框、返回第4页的按钮，复制该页面到第 6~10 页，进行相应的调整。

步骤 2：制作第 5~10 页图文内容

在第 5~10 页分别输入对应的人名、文字块，在第 6 页、第 7 页、第 9 页、第 10 页插入各自的图片素材，放于合适位置。

步骤 3：制作第 5 和第 8 页视频内容

在第 5 和第 8 页分别插入对应的视频，设为"自动播放""显示播放控制"，并选中"视频第一帧设为占位图"，如图 4-15 所示。

图 4-15

步骤 4：制作第 6~7 页音频内容

在第 6~7 页分别插入对应的音频，设为"自动播放"，"播放时背景音乐静音"，音频占位图为"耳机"，如图 4-16 所示。

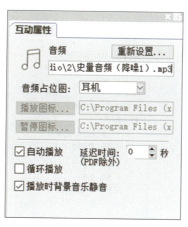

图 4-16

步骤 5：设置动画效果

设置第 5~10 页中的动画。

子任务5 制作第11页

（1）插入背景及前景图片素材，并将其摆放在合适位置。

（2）插入艺术团群像视频，设为"自动播放"，"显示播放控制"，并选中"视频第一帧设为占位图"。

（3）设置动画效果：设置四个对象的进入动画。

子任务6 制作第12页

（1）插入背景及前景图片素材，并摆放在合适位置。

（2）制作画廊，添加6张图片，设为走马灯-"从右向左"无缝切换方式，间隔2秒，如图4-17所示。

图 4-17

（3）设置"动画"效果：依次设置背景、画廊外框与画廊、线条地进入动画，然后设置"路径动画文字块/"，如图4-18所示。

图 4-18

制作路径动画：要设置文字块自下向上的运动效果，先用直线工具从文字块中间自下而上画一条直线。接下来，选中该直线后，按住 Shift 键再选中文字块，可以看到，此时动画选项卡中的"路径动画"变为可单击状态。此时，单击"路径动画"，并设置持续时长为"10 秒"。最后，将路径删除，页面中就不会出现黑色直线，动画效果不受影响，如图 4-19 所示。

图 4-19

子任务7　发布作品

步骤 1：加载页设置（图 4-20）。

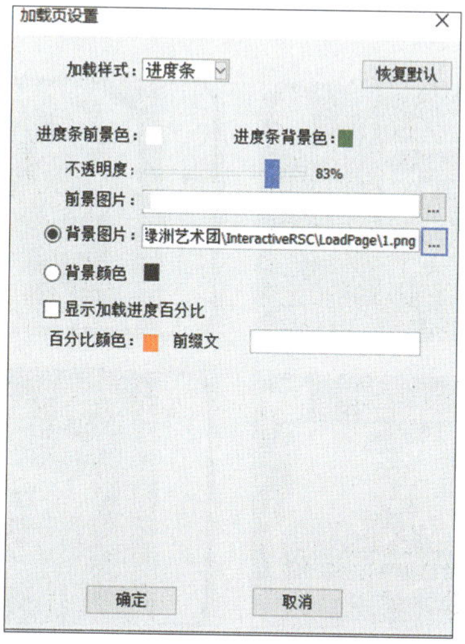

图 4-20

步骤 **2**：发布设置（图 4-21）。

发布设置

基本信息

标题：绿洲艺术团

封面：● 首页　○ 自定义

D:\2022教材编写\项目五绿洲　浏览...

翻页设置

翻页效果：平移

翻页方向：○ 纵向　● 横向

循环效果：○ 是　● 否

翻页时间：1500　毫秒

☑ 翻页图标

● 默认　○ 自定义

C:\Program Files (x86)\F.　浏览...

□ 禁止滑动翻页

浏览设置

适配方式：高度适配，水平居

☑ PC浏览器模拟设备效果

☑ 强制竖屏

页面预览　文档预览　上传同步

图 4-21

步骤 **3**：作品发布（略）

任务成果

制作并发布完成的 H5 作品《听见生命的回响》，成果的封面与代表性页面如图 4-22 所示。

图 4-22

 **项目训练**

模拟训练

学生分组进行视频类 H5 作品模拟训练，按照上述教学内容完成《听见生命的回响》作品的策划与制作。

拓展训练

学生分组进行视频类 H5 作品创意训练，每组应充分讨论，自定选题，按照上述任务顺序进行视频类 H5 作品的策划、素材准备与制作发布，将任务成果填写在相应的活页中或自行加页完成。

项目五 测试与游戏类 H5 作品策划与制作

项目描述

小王在某传媒公司的新媒体编辑制作岗位工作，公司计划在"五一"国际劳动节来临之际策划制作劳动节为主题的 H5 作品。相关负责人在公司前期选题会上对该作品提出如下要求。

1. 用户对象：主要面向年轻用户。

2. 作品能够使年轻用户参与作品换装过程，自定义劳动节形象。

3. 支持自定义形象保存并分享朋友圈，并支持朋友圈用户扫码观看。

小王带领新媒体部门 2~3 人，根据上述要求进行作品策划，准备素材并设计制作完成了 H5 作品《制作你的劳动节形象》，请扫描二维码观看。

知识目标

1. 了解测试与游戏类 H5 作品的策划特点。
2. 熟悉测试与游戏类 H5 作品的设计与制作流程。

技能目标

1. 能够熟练使用制作工具实现测试与游戏类 H5 作品的策划与制作。
2. 能够灵活运用所学方法和设计规范，举一反三进行测试与游戏类 H5 作品的创作。

素质目标（思政目标）

1. 培养学生具备热爱劳动、积极向上的精神。
2. 培养学生具备面向用户的交互设计思维。
3. 培养学生具备新媒体圈层传播思维。

项目五

测试与游戏类 H5 作品策划与制作

任务一 策划 H5 作品

任务目标

　　面向年轻人，在"五一"国际劳动节来临之前策划劳动节换装，感受不同职业，引导热爱劳动为主题的 H5 作品，完成作品创意构思、原形图设计、作品整体策划方案制定。

任务分析

　　为了顺利完成任务，团队讨论并确定了作品题目，然后对本任务做出分析，如表5-1 所示。

表 5-1 《制作你的劳动形象》任务分析

作品名称	制作你的劳动节形象
任务需求	该 H5 作品为"五一"国际劳动节来临之际所做，用户是年轻人。作品让用户感受不同职业的不同形象，并且支持自定义自己专属形象，并保存分享朋友圈，支持圈层传播，引导用户热爱劳动，积极向上
作品内容	作品以不同职业不同形象为内容，分男生女生两部分，支持分别自定义换装，生产海报，并且海报中包含本作品二维码
作品结构	作品共 5 页，除了封面外，正文共 4 页 第 2 页：选中男女性别 第 3~4 页：分别为男生和女生的自定义形象页面 第 5 页：跳转页面
作品风格	根据作品的主题与内容，作品风格整体活泼欢快，亮色为主作为主要基调，色彩对比度与饱和度较高
难度分析	作品为"五一"国际劳动节专题策划，应为专业级别，不是通过套用模板简单生成的普通作品 作品制作难度较大，难度指数 ★★★☆

任务实施

　　（1）完成分组，3~4 人为一组，选出组长。

　　（2）对"制作你的劳动节形象"H5 策划任务按照先后顺序拆解为创意构思、设计规划、整体策划三项子任务，完成不同形式的文档，如表5-2 所示。

　　（3）组长将子任务布置给团队成员，由专人负责，大家分工合作。

表 5-2　任务实施

子任务	输出形式	完成时间	负责人
创意构思	思维导图	年　月　日	
设计规划	原形图	年　月　日	
整体策划	策划方案	年　月　日	

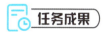 任务成果

子任务 1　创意构思

团队经过多次讨论与头脑风暴，形成四级作品结构与内容构思，利用 MindMaster 或 Xmind 软件制作思维导图，如图 5-1 所示。

图 5-1

子任务 2　设计规划

团队根据本项目的需求方向、内容布局与设计风格，对作品 4 个部分的页面进行版式规划，设计原型图。

简易原型图可以是手绘版的，专业级别原型图可以用 PowerPoint 演示文稿制作软件或 Photoshop 等其他绘图软件制作。

部分页面的原型图：在图片素材还没有准备好的情况下，原型图中可以用空格占位图简略表示，如图 5-2 所示。

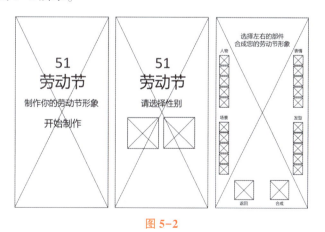

图 5-2

子任务 3　策划作品

团队成员按照形成的创意构思与原型图，策划每个页面的内容与互动功能设计，完

成策划方案的制作，如表 5-3 所示。

表 5-3 《制作你的劳动形象》策划方案

结构部分	作品页码	页面内容	互动设计	音效
第 1 部分：加载页及封面	加载页	"五一"国际劳动节以及"五一"国际劳动节快乐背景 进度条 显示五天假期充电中	加载方式为进度条；设置百分比	背景音乐为活泼的快节奏音频； 在女士形象页面画廊中添加"淡黄长裙音效"
	第 1 页	"五一"国际劳动节以及背景 制作你的劳动节与开始制作图片	"劳""动""节""制作你的劳动节形象""开始制作"设置进入动画效果 开始制作设置按钮动作，转至下一页	
第 2 部分：选择性别	第 2 页	"五一"国际劳动节以及背景 请选择性别文字图片 男生与女生头像图片	将男生与女生头像分别设置为按钮，按钮动作分别为跳转第 3 页与跳转第 4 页 依次设置请选择性别、男生士头像、女生头像进入动画	
第 3 部分：男生女生自定义形象	第 3~4 页	这两页分别为男生女生字定义形象页面 每页内容分别为人物形象、表情形象、场景形象以及发型形象，并包含合成语返回按钮	4 个部分的场景均为画廊，并设置一对一的按钮 将合成形象以及本作品二维码选中转为合成图片 设置合成图片为按钮，动作为转合成图片画 设置返回图片为按钮，动作为跳转至第 2 页	
第 4 部分：跳转页面	第 5 页	与第 2 页一致	无任何动画效果，只保留男生女生图片按钮分别跳转第 3 和第 4 页动作	

任务目标

1. 根据前期策划，查找并创作本作品所用的图文素材。
2. 根据原型图，对 H5 作品的图片与文案进行处理。

任务分析

本作品为测试与游戏类 H5，素材准备工作主要为图片素材与文字素材的查找、创作与处理。一般传媒公司或广告公司都有专门的美术编辑或美术设计师，H5 策划与制作人员需要与设计师保持良好的沟通与协作。

为保证作品的原创度与知识产权，设计师要按照前期策划的要求准备图片素材，专门进行图片设计。《制作你的劳动节形象》作品有大量图片素材，美编不仅要查找素材并进行处理，很多时候还要进行图片创作。

1. 查找图片素材

可以通过搜索引擎、设计网站、素材网站等方法查找素材（依据前面章节提到相关素材网站查找）。

2. 处理图片素材

在测试与游戏类 H5 设计制作过程中，处理图片素材环节遵循原则与图文类 H5 一致，尤其要注意图像序列或者画廊等多画面制作要细致全面。

H5 设计者可以自己绘制图片，或者通过素材库找到图片素材，然后利用 Photoshop、Illustrator 等软件来绘制图片或者修改图片。对于初学者来说，能够对图片进行适当修改，就可以满足大多数设计要求了。

任务实施

本任务主要分为素材查找与创作、素材加工与处理两项子任务，组长将子任务布置给团队成员，由专人负责，按期完成，如表 5-4 所示。

表 5-4 《制作你的劳动形象》任务实施

子任务	输出形式	完成时间	负责人
素材查找与创作	素材图片	年 月 日	
素材加工与处理	静态与动态图片	年 月 日	

处理图片素材时需要注意:

1. 将设计素材分层保存(如背景图片等)。

2. 将文件导出,选择格式为 PNG24 的文件类型,勾选"透明区域"及"裁切图层"后,单击"运行"。

任务成果

部分背景图片展示,如图 5-3 所示。

图 5-3

处理好的按钮图片展示,如图 5-4 所示。

图 5-4

图 5-4（续）

处理好的画廊图片展示，如图 5-5 所示。

图 5-5

117

图 5-5（续）

处理好的文案图片展示，如图 5-6 所示。

场景表情发型人物

选择左右的部件，
合成您的劳动节形象

请选择性别

开始制作

制作你的劳动形象

图 5-6

任务三 制作 H5 作品

任务目标

应用方正飞翔数字版制作 H5 作品《制作你的劳动节形象》。

任务分析

根据前期策划可知，作品共分为 5 个页面，整体结构分为 4 个部分。

1. 第 1 页

封面页主要是进入动画设置。

2. 第 2 页

主要为进入动画，支持选择男生女生跳转不同页面。

3. 第 3~4 页

主要内容按钮一对一画廊画面与合成图片。

4. 第 5 页

该页面为跳转页面，与第 2 页相同，取消全部动画效果。

任务实施

本任务按作品结构主要分为首页制作、第 2 页制作、第 3~4 页制作、第 5 页制作、作品发布 5 个子任务，组长将子任务布置给团队成员，由专人负责，按期完成，如表 5-5 所示。

表 5-5 《制作你的劳动形象》任务实施

子任务	输出形式	完成时间	负责人
制作首页	工程文件	年 月 日	
制作第 2 页	工程文件	年 月 日	
制作第 3~4 页	工程文件	年 月 日	
制作第 5 页	工程文件	年 月 日	
发布作品	二维码与作品链接	年 月 日	

子任务 1 制作首页

步骤 1：新建文件

单击标准-竖版页面，共 5 页，大小为全面屏 640×1 260px。

步骤2：首页插入素材

插入背景图片及文字块素材，并摆放在合适位置。

步骤3：设置按钮动作

将开始制作图片转为按钮，动作设置为跳转至下一页。

步骤4：设置动画效果

设置文字块跌落进入与玩偶盒进入动画，以及按钮渐变动画，如图5-7所示。

```
1  🕐  ★ 跌落   1切图_0001_劳
   🕐  ★ 跌落   1切图_0002_动
   🕐  ★ 跌落   1切图_0003_节
2  🕐  ★ 玩偶盒 1切图_0000_1
3  🕐  ★ 渐变   按钮1
```

图5-7

步骤5：设置加载页

单击互动选项卡加载页，选择加载样式为"进度条"；前景色设置为红色（R＝216，G＝0，B＝16），进度条背景色为白色；不透明度"100%"；背景图片选择作品背景；勾选显示"加载进度百分比"，颜色设置红色，前缀文字为"五天假期充电中"，如图5-8所示。

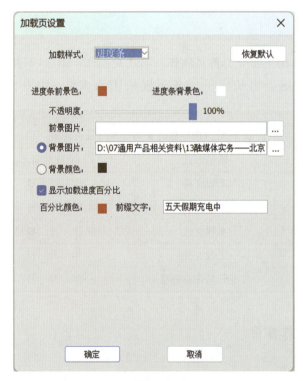

图5-8

子任务 2　制作第 2 页

步骤 1：制作第 2 页

（1）复制首页元素，设置文字块及开始制作图片或并退出动画。

（2）插入请选择性别文字块与男生女生头像图片。

（3）分别将男生女生头像设置为按钮，并设置动作为转至第 3 页和第 4 页。

（4）设置请选择性别文字块与男生女生头像按钮，以及“冒泡”进入动画与“旋转”进入动画，如图 5-9 所示。

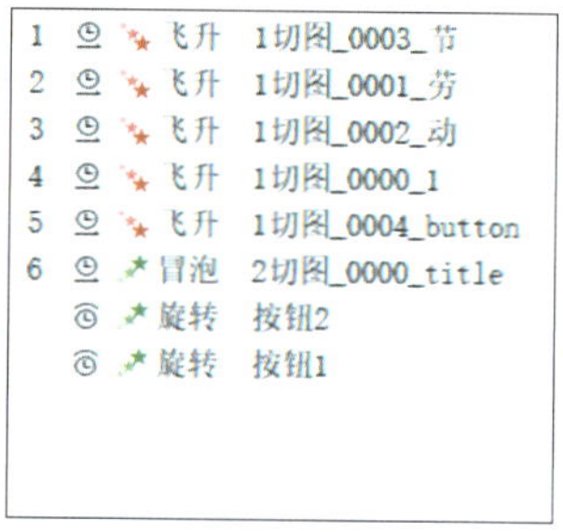

1 飞升 1切图_0003_节
2 飞升 1切图_0001_劳
3 飞升 1切图_0002_动
4 飞升 1切图_0000_1
5 飞升 1切图_0004_button
6 冒泡 2切图_0000_title
旋转 按钮2
旋转 按钮1

图 5-9

子任务 3　制作第 3~4 页

步骤 1：制作第 3 页

（1）单击右侧发布设置输入标题制作你的劳动节形象并单击上传，待完成后，在方正飞翔云平台下载该作品的二维码。

（2）依次插入场景形象画廊、人物形象画廊、表情形象画廊和发型形象画廊，效果选项为走马灯（不用设计按钮）并设置每个画廊的属性，取消勾选“手动滑动图像”，如图 5-10 所示。

画廊属性设置
自动播放
延迟时间：5 秒
间隔时间：3 秒
滚动速度：正常
手动滑动图像
图像效果切换方式：
淡入淡出
无缝切换 从右向左
切换至全屏
确定
取消

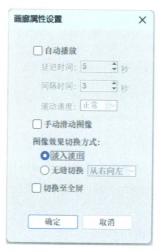

图 5-10

（3）分别插入矩形底图、人物文字图片、表情文字图片、场景文字图片、发型文字图片、5张场景形象、5张人物形象、5张表情形象和5张发型形象按钮图片，将大小均设置为宽83.5px，高83.5px，依次摆放在对应位置。

（4）将5张场景形象、5张人物形象、5张表情形象和5张发型形象按钮图片分别设置为按钮，并设置按钮动作为转至画廊对应画面。

（5）选中四个画廊、二维码转为合成图片，单击右侧"合成图片"浮动面板，勾选"返回按钮"，右键单击替换返回按钮为返回图片，并设置位置X：25px，Y：1040px，勾选"提示文本"，输入："长按保存图片"，将字号选为初号，颜色为纯黑色，位置X：212px，Y：847.5px，如图5-11所示。

图 5-11

（6）插入合成图片和返回图片按钮，设置为按钮，分别设置动作为返回第2页和执行合成图片。

步骤2：制作第4页

（1）插入女生页面相关元素。

（2）其中女生人物形象需要设置画面音频，单击右侧"画廊"浮动面板，单击淡黄长裙，单击右上角的下拉菜单，选择"画面加载音频"，选中相应的音频完成插入，如图5-12所示。

（3）其余制作方式与第3页相同。

图 5-12

子任务4　制作第5页

步骤

（1）此页面为跳转页面，复制第2~5页。

（2）删除页面全部动画效果，男生女生形象按钮设置动作分别为转至第3页和第4页。

子任务5　发布作品（略）

任务成果

制作并发布完成的H5作品《制作你的劳动节形象》，成果的主要页面如图5-13所示。

图 5-13

📝 项目训练

模拟训练

学生分组进行测试与游戏类 H5 作品模拟训练，按照上述教学内容完成《制作你的劳动节形象》作品的策划与制作。

拓展训练

学生分组进行测试与游戏类 H5 作品创意训练，每组应充分讨论，自定选题，按照上述任务次序进行测试与游戏类 H5 作品的策划、素材准备与制作发布，将任务成果填写在相应的活页中或自行加页完成。

项目六 强交互类 H5 作品策划与制作

项目描述

小王在某传媒公司的新媒体编辑制作岗位工作，公司计划在 2023 年元旦节来临之际策划制作新年祝福为主题的 H5 作品。公司相关负责人在前期选题会上对该作品提出如下要求。

1. 用户对象：普通大众。

2. 作品回顾三年疫情生活，感恩过去，憧憬未来。

3. 支持生成行程纪念卡与新年愿望清单。

小王带领新媒体部门 2~3 人，根据上述要求进行作品策划，准备素材并设计、制作完成了 H5 作品《待春暖花开，愿所求皆所愿》，请扫描二维码观看。

知识目标

1. 了解强交互类 H5 作品的策划特点。
2. 熟悉强交互类 H5 作品的设计与制作流程。

技能目标

1. 能够熟练使用制作工具实现强交互类 H5 作品的策划与制作。
2. 能够灵活运用所学方法和设计规范，举一反三进行强交互类 H5 作品的创作。

素质目标（思政目标）

1. 培养学生爱党、爱国、爱社会主义的情怀。
2. 增强学生对党的创新理论的政治认同、思想认同、情感认同。
3. 引导学生坚定四个自信——中国特色社会主义道路自信、理论自信、制度自信、文化自信。

任务一 策划 H5 作品

任务目标

2022 年 12 月 26 日，国家卫健委发布公告：①将新型冠状病毒肺炎更名为新型冠状病毒感染。②经国务院批准，自 2023 年 1 月 8 日起，解除对新型冠状病毒感染采取的《中华人民共和国传染病防治法》规定的甲类传染病预防、控制措施；新型冠状病毒感染不再纳入《中华人民共和国国境卫生检疫法》规定的检疫传染病管理，这意味着人们这 3 年围绕疫情的生活即将结束。

正值 2023 年元旦节来临之际，通过策划 H5 作品回顾 3 年围绕疫情的生活，感恩过去，憧憬未来，祝愿大家新的一年所求皆所愿。请完成作品创意构思、原型图设计、作品整体策划方案。

任务分析

为了顺利完成任务，团队进行讨论，确定了作品题目，并对本任务做出分析，如表 6-1 所示。

表 6-1　《待春暖花开，愿所求皆所愿》任务分析

作品名称	待春暖花开，愿所求皆所愿
任务需求	该 H5 作品为 2023 年元旦节来临之际所做，内容主要回顾 3 年围绕疫情的生活，感恩过去，憧憬未来，祝愿大家新的一年所求皆所愿
作品内容	从用户心理需求出发，内容放在回顾 3 年围绕疫情生活上，回顾了李文亮医生吹响防疫第一哨、武汉解封、建党 100 周年、东京奥运会中国队再创佳绩、北京冬奥会、中国空间站建成、2022 卡塔尔世界杯、行程卡下线等重要事件，并支持用户形成行程纪念卡或新年愿望清单，将 3 年围绕疫情生活浓缩在几个重要事件中，感恩过去，憧憬未来，向广大用户致以新年祝福：待春暖花开，愿所求皆所愿
作品结构	作品共 24 页 第 1 页：封面页 第 2~6 页：整体回顾 3 年围绕疫情生活 第 7~19 页：回顾过去 3 年重要事件 第 20~21 页：告别 2022，迎接 2023 第 22~24 页：生成行程纪念卡或新年愿望清单，支持用户保存与分享
作品风格	根据主题与内容，作品风格整体应祥和喜庆，亮色为主作为主要基调，色彩的对比度与饱和度较高。在每个重要事件中都采用了相应的色调，符合事件背景，背景音乐温和舒缓，给用户营造感恩过去，憧憬未来的氛围

续表

作品名称	待春暖花开，愿所求皆所愿
难度分析	作品为回顾3年围绕疫情生活元旦节专题策划，应为专业级别，不是通过套用模板简单生成的普通作品； 作品制作难度大，难度指数★★★★★

任务实施

（1）完成分组，3~4人为一组，选出组长。

（2）对"待春暖花开，愿所求皆所愿"H5策划任务按照先后顺序拆解为创意构思、设计规划、整体策划3个子任务，完成不同形式的文档，如表6-2所示。

（3）组长将子任务布置给团队成员，由专人负责，大家分工合作。

表6-2 《待春暖花开，愿所求皆所愿》任务实施

子任务	输出形式	完成时间	负责人
创意构思	思维导图	年 月 日	
设计规划	原形图	年 月 日	
整体策划	策划方案	年 月 日	

任务成果

子任务1 创意构思

团队经过多次讨论与头脑风暴，形成五级作品结构与内容构思，利用 MindMaster 或 Xmind 软件制作思维导图，如图6-1所示。

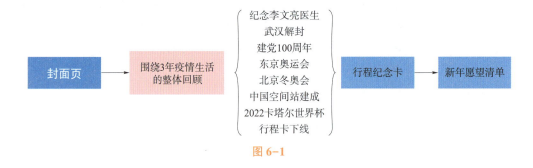

图6-1

子任务2 设计规划

团队根据本项目的需求方向、内容布局与设计风格，对作品4个部分的页面进行版式规划，设计原型图。

简易原型图可以是手绘版，专业级别原型图可以用 PowerPoint 演示文稿制作软件或

Photoshop 等其他绘图软件制作。

部分页面的原形图如图 6-2～图 6-8 所示。

待春暖花开
愿所求皆所愿
山河无恙
岁月安康

场景
时钟回转，回到2019年度

图 6-2

一场疫情席卷全球
原本喧闹的大街
在疫情的影响下变得安静

驰援武汉　　火神山医院
健康码　　方舱医院　云监工
　　　　　　　　　核酸检测
N95口罩　行程码　在线上课
居家办公　　国内清零
新冠疫苗　　外防输入 内防反弹
阿尔法　贝塔　奥密克戎
伽马　密接　德尔塔
科学防控 联防联控　风险地区
全员核酸　时空接触　静默
动态清零　集中隔离 居家隔离
复工复产　精准防控
抗原检测　快封快解

图 6-3

图 6-4

图 6-5

图 6-6

2022.11.20
卡塔尔世界杯开幕
中国能去的都去了除了，足球队……

中国球迷村　　　　中国球场　　　　　中国足球　　　中国裁判　　　中国广告　　期待四年之后中国
　　　　　　　　　　　　　　　　　　　　　　　　　　　　　　　　　　　　　　　队能站在美洲大陆

互动
长圈图像扫视，拖拽到指定位置出现介绍

图 6-7

图 6-8

子任务3 策划作品

团队按照形成的创意构思与原型图，策划每个页面的内容与互动功能设计，如表6-3所示。

表6-3 《待春暖花开，愿所求皆所愿》策划内容

结构部分	作品页码	页面内容	互动设计	音效
第1部分：封面	第1页	文字块：待春暖花开、愿所求皆所愿、山河无恙、岁月安康 背景图	作品各文字块依次设置进入跌落进入动画 文字块设置渐变推出动画 页面属性设置：自动翻页延迟0秒且禁止滑动翻页	背景音乐柔和、舒缓，营造感恩过去憧憬未来的氛围
第2部分：整体回顾3年围绕疫情的生活	第2页	2022、2021、2020、2019数字依次出现 时针、分针旋转 时间回到文字块，引导人们的回忆跳回2019	2022、2021、2020、2019数字交替设置渐变进入动画与渐变推出动画 设置时针、分针形变动画，完成时间倒计时效果 同时出现时间回到文字块 设置逻辑事件，延迟11秒，转至下一页	
	第3页	热闹喧嚣的城市场景 说明街道变得安静的文字块	页面插入街道喧嚣的音频 街道变安静文字块设置渐变进入动画 行人和车辆设置渐变消失的动画 页面属性设置：自动翻页延迟1秒且禁止滑动翻页	

结构部分	作品页码	页面内容	互动设计	音效
	第4~5页	3年来，人们耳熟能详的词：健康码、核酸检测、密接等	设置说明街道变得安静文字块的渐变退出动画 设置3年来人们耳熟能详词的飞升进入动画 设置3年来人们耳熟能详词的渐变退出动画 页面属性设置：自动翻页延迟1秒且禁止滑动翻页	
	第6页	国家卫健委新闻发布会相关内容为字块	设置新闻发布会相关内容文字块渐变与飞升进入动画 设置下一页背景渐变进入动画 页面属性设置：自动翻页延迟0秒且禁止滑动翻页	
第3部分：回顾过去3年重要事件	第7页	回望3年……一起经历、见证了文字快	设置"回望3年……一起经历见证了"文字块飞升进入动画 页面属性设置：自动翻页延迟1.5秒且禁止滑动翻页	
	第8页	纪念李文亮医生相关图片及文字	设置纪念李文亮医生相关图片文字进入动画 设置按钮"单击纪念李文亮医生"动作为转至下一页 页面属性设置：禁止滑动翻页	

结构部分	作品页码	页面内容	互动设计	音效
	第 9 页	纪念李文亮医生相关图片及文字 下一页按钮	设置纪念李文亮医生相关图片文字进入与退出动画 添加接力计数功能，设置相关参数，计数方式为浏览量 设置下一页按钮动作为转至下一页 页面属性设置：禁止滑动翻页	
	第 10 页	文案：2020.4.8 武汉 76 天解封 图片为武汉高速路口、小汽车及路障 交互提示语	设置路障为自由拖曳互动，设置参数及距离限制，只允许向右拖动 设置自由拖曳逻辑事件，实现推开路障，小汽车开出来的效果 设置文字块及图像元素进入动画 设置下一页按钮动作为转至下一页 页面属性设置：禁止滑动翻页	
	第 11 页	文案：2021.7.1 建党 100 周年 图片为天安门和飘扬的气球	设置文字块及天安门图片元素进入动画 将各种颜色气球设置为动感图像，透明背景 设置下一页按钮动作为转至下一页 页面属性设置：禁止滑动翻页	

结构部分	作品页码	页面内容	互动设计	音效
	第 12 页	文案：2021.7.23 东京奥运会，中国队再创佳绩 图片为女子射击夺金 交互提示语	将标靶设置为按钮，按钮动作为转至下一页 设置文字块及图片元素的进入动画 交互提示语设置强调动画 页面属性设置：禁止滑动翻页	
	第 13 页	文案：2021.7.23 东京奥运会，中国队再创佳绩 图片为女子射击、五星红旗、金牌、奖牌数量等	设置切图元素向上路径动画 设置标靶元素形变路径 插入金牌数量每个数字图像序列，并设置延迟与播放速度 下一页按钮动作设置为转至下一页 页面属性设置：禁止滑动翻页	
	第 14 页	文案：2022.2.4 北京冬奥会开幕，全球首个双奥之城 图片为冬奥会主场景和火炬 互动提示语	将火炬元素设置为自由拖曳交互效果，并设置只能向下拖动到指定位置 设置自由拖曳逻辑事件，实现插入火炬跳转下一页的效果 设置文字块及图片元素的进入动画 交互提示语设置强调动画 页面属性设置：禁止滑动翻页	
	第 15 页	文案：2022.2.4 北京冬奥会开幕，全球首个双奥之城 图片为冬奥会主场景炫酷动画效果和火炬	插入冬奥会主场景图像序列，实现炫酷动效 为元素设置进入与退出动画 下一页按钮设置动作为转至下一页 页面属性设置：禁止滑动翻页	

强交互类 H5 作品策划与制作　项目六

结构部分	作品页码	页面内容	互动设计	音效
	第 16 页	文案：2022.11.4 梦天实验舱升空，中国空间站建成 图片为浩瀚宇宙背景、宇宙空间站组件	设置文字块和空间站组件渐变和滑动进入动画 设置右侧元素路径动画 下一页按钮设置动作为转至下一页 页面属性设置：禁止滑动翻页	
	第 17 页	文案：2022.11.20 卡塔尔世界杯开幕，中国能去的都去了，除了足球队以及世界杯的各种中国元素：中国集装箱房屋、中国大巴车、中国造球场、最快足球中国造、中国广告以及中国裁判组 图片中的长途包含了中国元素的内容	插入背景大图，并将背景图设置为自由拖曳，并设置自由拖曳距离限制只能左右拖动 将文字块设置完成，并在对象管理面板中设置对象不可见 设置自由拖曳逻辑事件，即当自由拖曳结束时判断背景大图所处 x 的位置及范围，动作设置将对应的中国元素文字介绍设置为可见，在最左侧时将下一页按钮设置为可见 下一页按钮的动作设置为跳转至下一页 页面属性设置：禁止滑动翻页	

结构部分	作品页码	页面内容	互动设计	音效
	第18页	文案：通行大数据行程卡 2022.12.13 行程码正式下线 显示时间正计时与倒计时	插入背景图动画及文字块，并设置进入动画 插入两个计时器，分别为正计时与倒计时，并设置倒计时起始时间为5秒 设置 2022.12.13 文本块对象不可见 设置逻辑事件：载入页面时，将正计时时间调整为 23：59：55 设置逻辑事件：倒计时计时器时间为 0 时，将 2022.12.13 文本块对象调整为可见状态，并跳转下一页 设置逻辑事件：正计时计时器，当倒计时计时器为 0 时，停止计时 页面属性设置：禁止滑动翻页	
	第19页	文案：通行大数据行程卡小程序——暂停服务 图片为行程卡小程序图标及纯白背景 上页全部元素会复制到本页，由纯白背景覆盖	复制上页全部内容至本页，并删除全部动画及逻辑事件等互动 设置纯白背景动画效果 设置行程卡小程序图标路径动画与相关文字渐变动画 页面属性设置：自动翻页延迟 1 秒且禁止滑动翻页	

项目六 强交互类 H5 作品策划与制作

续表

结构部分	作品页码	页面内容	互动设计	音效
第一部分：告别2022，迎接2023	第20页	文案：随着行程码的下线，公共场所不再查验核酸，解除对新冠病毒感染的甲类传染病防控措施，我们的生活也将逐渐恢复到疫情前的样子，告别2022，我们纪念过去；迎接2023，我们向往未来 图片为行程卡停止运行图、行程卡留念与生成我的2023年心愿	设置行程卡停止运行图渐变退出动画 设置文案文字块飞生进入动画 设置行程卡留念为按钮，动作为转至22页，设置生成我的23年心愿为按钮，动作为转至23页 页面属性设置：禁止滑动翻页	
	第21页	文案：同20页 图片为行程卡留念与生成我的2023年心愿	页面为跳转页面用，无动画效果 页面属性设置：禁止滑动翻页	
第5部分：生成行程纪念卡或新年愿望清单，支持用户保存分享	第22页	文案1：您可输入自己在疫情3年中到过的城市并保存图片留念 图片为通信大数据行程卡背景图、合成我的行程卡留念图片和返回图片	插入微信昵称互动，调取读者微信昵称 插入文本互动，支持用户输入3年来到过的城市 选中页面内容作为合成图片，支持生成转属纪念卡 将返回图片设置为按钮，按钮动作设置为转至21页 合成我的行程卡留念设置为按钮，按钮动作为执行合成图片 页面属性设置：禁止滑动翻页	

结构部分	作品页码	页面内容	互动设计	音效
	第23页	文案：选中你的3个新年心愿 图片为各个心愿图片、重新选择、选好了和返回图片	返回按钮跳转第21页 插入3个接力计数作为判断条件以及数据值 每个新年愿望均为3层图片、分别为置灰、按钮、选中状态、透明图片，按钮动作会控制接力计数数字变化以及4层图片的层次显隐变化 当第3个接力计数数字变化之后，逻辑事件控制其他未选中新年愿望置灰层可见状态，还要改变下面按钮的状态 重新选择按钮会将页面设置为初始状态 将选好了按钮设置为跳转下一页 页面属性设置：禁止滑动翻页	
	第24页	文案：2023我的新年愿望清单，方正飞翔团队祝您2023年心想事成 图片为背景、微信头、微信昵称	3个接力计数与上页接力计数关联 设置3个愿望清单画廊 逻辑事件根据接力计数数字判断画廊分别处于哪个画面 将元素全部选中转为合成图片且包含当前作品的二维码 保存我的愿望清单按钮，设置动作为执行合成图片 将返回按钮内跳转至21页 页面属性设置：禁止滑动翻页	

项目六 强交互类 H5 作品策划与制作

任务二 准备素材

任务目标

1. 根据前期策划，查找并创作本作品所用的图文素材。
2. 根据原型图，对 H5 作品的图片与文案进行处理。

任务分析

本作品为强交互类 H5，素材准备工作主要为图片素材与文字素材的查找、创作与处理。一般传媒公司或广告公司都有专门的美术编辑或美术设计师，H5 策划与制作人员需要与设计师保持良好的沟通与协作。

为保证作品的原创度与知识产权，设计师要按照前期策划的要求准备图片素材，专门进行图片设计。《待春暖花开，愿所求皆所愿》作品中有大量图片素材，美编不仅要查找素材并进行处理，还经常要进行图片创作。

1. 查找图片素材

可以通过搜索引擎、设计网站、素材网站等方法查找素材（依据前面章节提到相关素材的网站查找）。

2. 处理图片素材

在强交互类 H5 设计制作过程中，处理图片素材环节遵循原则与图文类 H5 一致，尤其要注意图像序列或者画廊等多画面制作要细致全面：

H5 设计者可以自己绘制图片，或者通过素材库找到图片素材，然后利用 Photoshop、Illustrator 等软件来绘制图片或者修改图片。对于初学者来说，能够对图片进行适当修改就可以满足大多数设计要求。

任务实施

本任务主要分为素材查找与创作、素材加工与处理两项子任务，组长将子任务布置给团队成员，由专人负责，按期完成，如表 6-4 所示。

表 6-4 《待春暖花开，愿所求皆所愿》任务实施

子任务	输出形式	完成时间	负责人
素材查找与创作	素材图片	年　月　日	
素材加工与处理	静态与动态图片	年　月　日	

处理图片素材时需要注意以下方面。

（1）将设计素材分层保存（如背景图片等）。

（2）将文件导出，选择格式为 PNG24 的文件类型，勾选透明区域及裁切图层后，单击"运行"。

任务成果

部分背景图片展示如图 6-9 所示。

图 6-9

处理过的卡通人物图片展示如图 6-10 所示。

图 6-10

处理好的按钮图片展示如图 6-11 所示。

选好了　　　重新选择　　　点击纪念
　　　　　　　　　　　　　李文亮医生

行程卡留念　生成我的23年心愿　　下一页

图 6-11

处理好的画廊图片展示如图 6-12 所示。

图 6-12

处理好的图像序列素材展示如图 6-13 所示。

处理好的文案图片展示如图 6-14 所示。

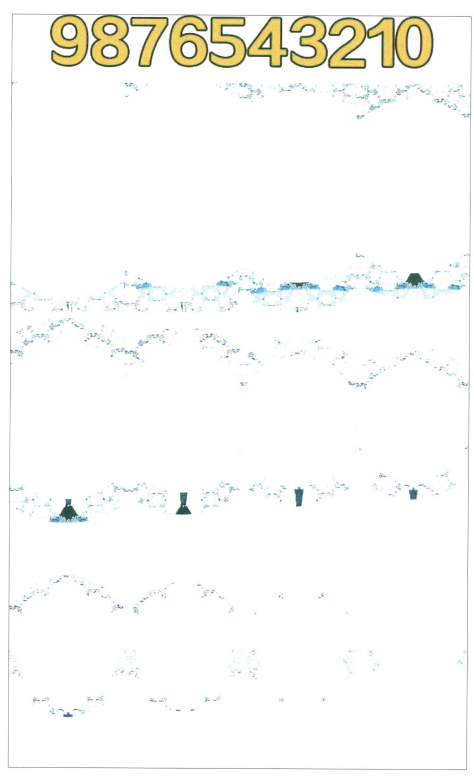

图 6-13

图 6-13（续）

我们的生活
也将逐渐恢复到
疫情前的样子
告别2022
我们纪念过去
迎接2023
我们向往未来
回望这三年
虽有疫情冲击
我们依旧砥砺前行

图 6-14

一起经历了见证了

待春暖花开

愿所求皆所愿

山河无恙

岁月安康

公共场所不再

查验核酸

图 6-14（续）

任务三 制作 H5 作品

任务目标

应用方正飞翔数字版制作 H5 作品《待春暖花开，愿所求皆所愿》。

任务分析

根据前期策划，作品共 24 个页面，整体结构分为 5 个部分。

1. 第 1 页

封面页主要是进入动画设置。

2. 第 2~6 页

整体回顾 3 年围绕疫情的生活，主要是进入、退出动画以及形变动画设置。

3. 第 7~19 页

回顾过去 3 年重要事件主要为按钮、自由拖曳、逻辑事件、计时器、图像序列等强交互功能设置。

4. 第 20~21 页

告别 2022，迎接 2023，页面主要为动画设置。

5. 第 22~24 页

生成行程纪念卡或新年愿望清单，支持用户保存分享页面主要为微信昵称、文本控件、合成图片、接力计数、按钮高级自定义、逻辑事件、画廊等强交互功能的设置。

任务实施

本任务按作品结构主要分为首页制作、第 2~6 页制作、第 7~19 页制作、第 20~21 页制作、第 22~24 页制作、作品发布 6 个子任务，组长将子任务布置给团队成员，由专人负责，按期完成，如表 6-5 所示。

表 6-5 《待春暖花开，愿所求皆所愿》任务实施

子任务	输出形式	完成时间	负责人
制作首页	工程文件	年　月　日	
制作第 2~6 页	工程文件	年　月　日	
制作第 7~19 页	工程文件	年　月　日	
制作第 20~21 页	工程文件	年　月　日	
制作第 22~24 页	工程文件	年　月　日	
发布作品	二维码与作品链接	年　月　日	

子任务1　制作首页

步骤1：新建文件

标准-竖版页面，页面共 24 页，大小为全面屏 640×1 260px。

步骤2：首页插入素材

插入背景图片及文字块素材，并摆放在合适位置。

步骤3：设置文字块动画

设置文字块跌落进入动画及渐变退出动画，如图 6-15 所示。

1	⏱ ⭐ 跌落	透明图_0000s_000...
2	⏱ ⭐ 跌落	透明图_0000s_000...
3	⏱ ⭐ 跌落	透明图_0000s_000...
4	⏱ ⭐ 跌落	透明图_0000s_000...
5	⏱ ⭐ 渐变	透明图_0000s_000...
	⏱ ⭐ 渐变	透明图_0000s_000...
	⏱ ⭐ 渐变	透明图_0000s_000...
	⏱ ⭐ 渐变	透明图_0000s_000...

图 6-15

步骤4：设置自动翻页与禁止滑动翻页

单击右侧浮动面板"页面属性"，勾选"自动翻页"与"禁止滑动翻页"如图 6-16 所示。

图 6-16

子任务2　制作第2~6页

步骤1：制作第2页

（1）插入首页背景、页面背景、2022、2021、2020、2019 图片素材、时间回到文字块素材、时针、分针、钟表素材，并摆放在合适位置。

（2）依次设置元素进入退出动画、其中分针时针为形变动画、2019 文字块为形变路径，如图 6-17 所示。

图 6-17

（3）单击右侧浮动面板"页面属性"，勾选"自动翻页"与"禁止滑动翻页"，如图 6-18 所示。

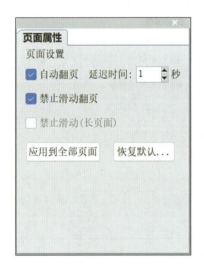

图 6-18

步骤 2：制作第 3 页

（1）插入背景图片、文字块、人物、汽车元素，并将其摆放在合适的位置。

（2）依次设置元素和文字块渐变进入动画，设置人物与汽车元素渐变退出动画，如

图 6-19-1 和图 6-19-2 所示。

图 6-19-1   图 6-19-2

（3）单击"插入"选项卡，单击音视频，插入音频，设置自动播放，且在播放时将背景音乐设置为"静音"状态。

（4）单击右侧浮动面板"页面属性"，勾选"自动翻页"与"禁止滑动翻页"，如图 6-20 所示。

图 6-20

步骤 3：制作第 4 页

（1）插入背景图、高斯模糊图、2019 年年底、3 年这些关键词文字块及白底等元素，并摆放在合适位置，如图 6-21 所示。

（2）设置依次退出及进入动画。

（3）单击右侧浮动面板"页面属性"，勾选"自动翻页"与"禁止滑动翻页"，如图 6-22 所示。

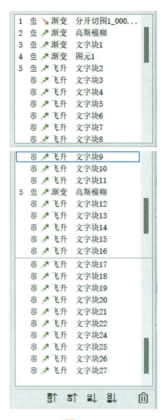

图 6-21

图 6-22

步骤 4：制作第 5 页

（1）复制第 4 页，删除全部动画，删除 2019……文字块，并摆放在合适位置，插入发布会底图并置于最下层。

（2）设置健康码、方舱医院等文字块退出动画。

（3）单击右侧浮动面板"页面属性"，勾选"自动翻页"，将延迟时间设置为 0 秒，再勾选"禁止滑动翻页"。

步骤 5：制作第 6 页

（1）插入发布会背景图及各文字块，并摆放在合适位置。

（2）依次设置文字块元素进入动画。

（3）单击右侧浮动面板页面属性，勾选"自动翻页延迟 0 秒"与"禁止滑动翻页"。

子任务 3　制作第 7~19 页

步骤 1：制作第 7 页

制作方式与第一页相同。

步骤 2：制作第 8 页

（1）插入背景、2019……文字块、李文亮医生置灰图片、蜡烛、单击纪念李文亮医生的图片，以及这世上没有……文字块，并将它们摆放在合适的位置。

（2）设置单击纪念李文亮医生图片为按钮，设置动作为转至下一页，如图 6-23 所示。

图 6-23

（3）依次设置元素进入动画。

（4）单击右侧浮动面板"页面属性"，勾选"禁止滑动翻页"。

步骤 3：制作第 9 页

（1）插入背景、2019……文字块、李文亮医生图片、蜡烛、烛火、单击纪念李文亮医生图片……文字块及下一页图片，并摆放在合适位置。

（2）设置下一页图片为按钮，动作设置为转至下一页。

（3）单击数据选项卡，插入接力计数互动，设置参数的初始位数为 4、初始数值为 0、计数方式选为"浏览量"等，如图 6-24 所示。

图 6-24

（4）依次设置相关进入动画。

步骤 4：制作第 10 页

（1）插入背景图片、2020.4.8……文字块、小汽车、路障、下一页图片、向右推开路障文字块等，并摆放在合适位置。

（2）选中路障图片，右键转为自由拖曳互动，设置距离限制，向右 524px，如图 6-25 所示。

（3）设置自由拖曳逻辑事件：对象：自由拖曳 1；触发时机：自由拖曳结束时；触发条件：自由拖曳 1X 位置大于等于 320；动作设置 1：单击"调整对象大小"，对象选

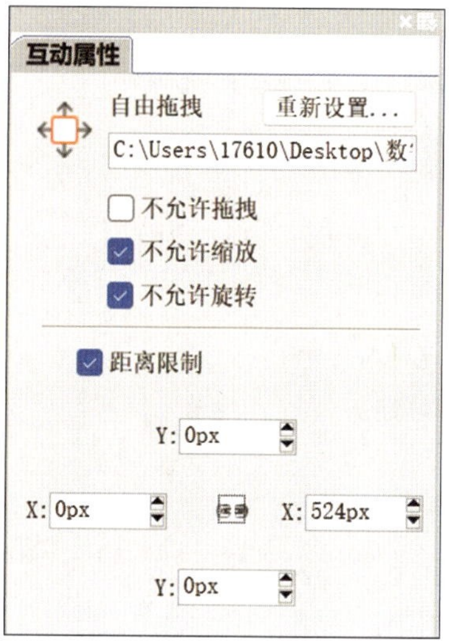

图 6-25

择为汽车，勾选"绝对大小"，宽 334px，高 195px，变化方式缩放，持续时长 2 秒；动作设置 2：单击"移动对象位置"，对象选择为汽车，勾选"绝对位置"，x：87px，y：1 360px，移动方式为线性，持续时长 2 秒，如图 6-26~图 6-28 所示。

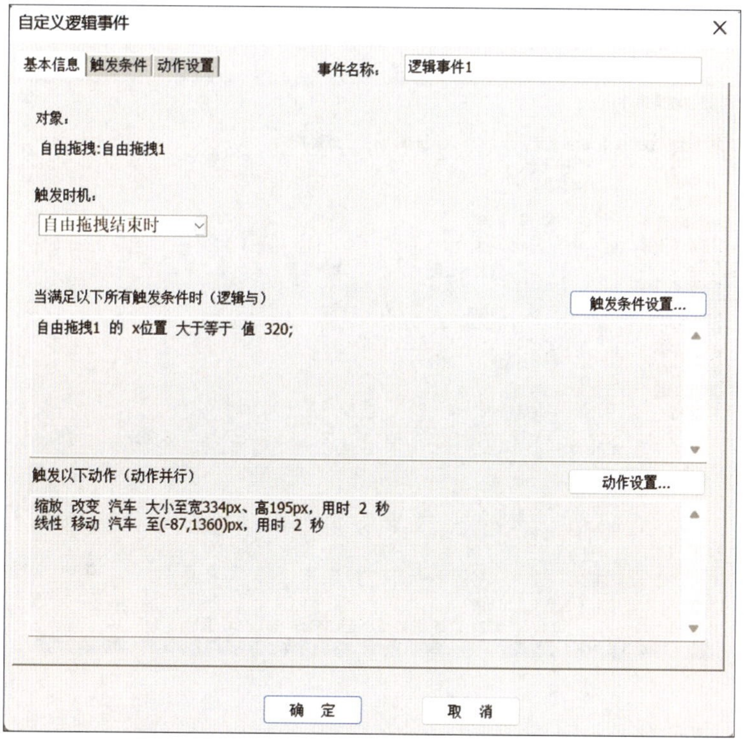

图 6-26

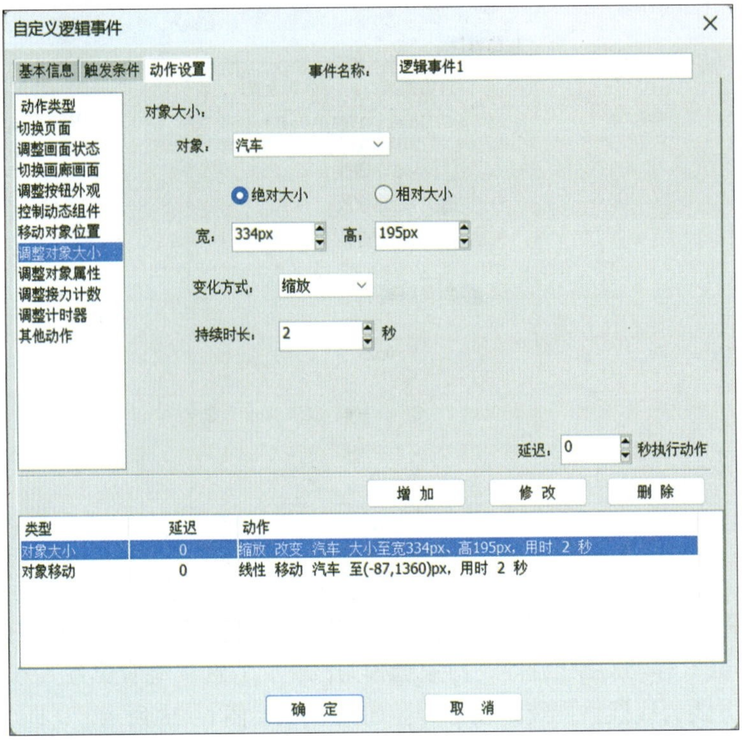

自定义逻辑事件　　　　　　　　　　　　　　✕

基本信息│触发条件│动作设置│　　　事件名称：　逻辑事件1

动作类型
切换页面
调整画面状态
切换画廊画面
调整按钮外观
控制动态组件
移动对象位置
调整对象大小
调整对象属性
调整接力计数
调整计时器
其他动作

对象大小：

对象：　汽车　▽

　⦿ 绝对大小　　　○ 相对大小

宽：　334px　⬦　高：　195px　⬦

变化方式：　缩放　▽

持续时长：　2　⬦　秒

延迟：　0　⬦　秒执行动作

　　　　增 加　　　修 改　　　删 除

类型	延迟	动作
对象大小	0	缩放 改变 汽车 大小至宽334px、高195px，用时 2 秒
对象移动	0	线性 移动 汽车 至(-87,1360)px，用时 2 秒

确 定　　　取 消

图 6-27

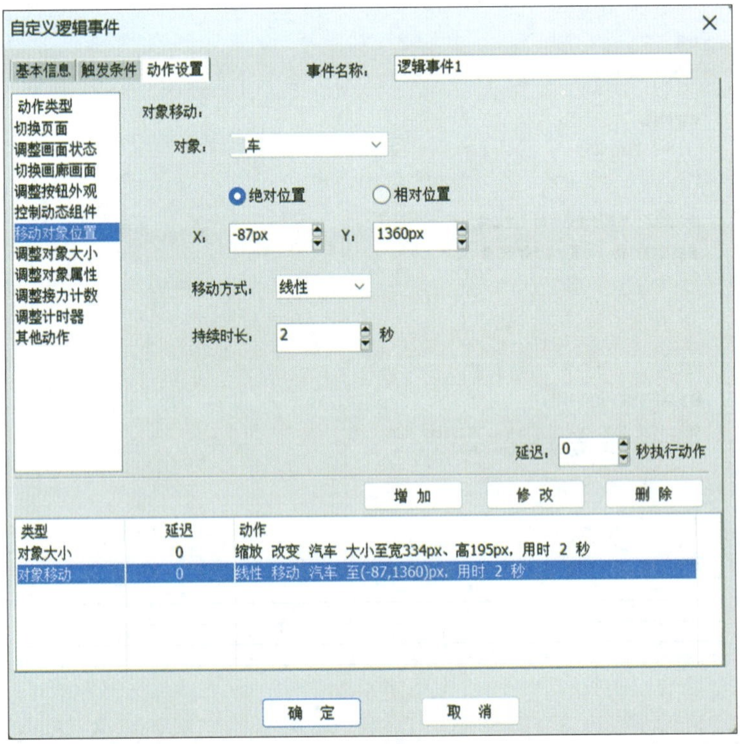

自定义逻辑事件　　　　　　　　　　　　　　✕

基本信息│触发条件│动作设置│　　　事件名称：　逻辑事件1

动作类型
切换页面
调整画面状态
切换画廊画面
调整按钮外观
控制动态组件
移动对象位置
调整对象大小
调整对象属性
调整接力计数
调整计时器
其他动作

对象移动：

对象：　,车　▽

　⦿ 绝对位置　　　○ 相对位置

X：　-87px　⬦　Y：　1360px　⬦

移动方式：　线性　▽

持续时长：　2　⬦　秒

延迟：　0　⬦　秒执行动作

　　　　增 加　　　修 改　　　删 除

类型	延迟	动作
对象大小	0	缩放 改变 汽车 大小至宽334px、高195px，用时 2 秒
对象移动	0	线性 移动 汽车 至(-87,1360)px，用时 2 秒

确 定　　　取 消

图 6-28

（4）将下一页图片转为按钮，将动作设置为跳转下一页。

（5）依次设置进入动画效果。

（6）单击右侧浮动面板"页面属性"，勾选"禁止滑动翻页"。

步骤 5：制作第 11 页

（1）插入背景图片、2021.7.1……文字块、天安门、下一页图片等元素，并摆放在合适位置。

（2）插入 5 个动感图像互动，以红气球为例：单击互动选项卡，单击动感图像，单击动感小图预览，选中红气球小图，勾选透明背景，单击"确定"按钮，在页面中插入动感图像，按住 Shift 键，拖动互动边框，调整到合适大小。

（3）单击右侧浮动面板"互动属性"，设置动感图像参数：方向从下向上；速度非常慢；小图个数 20；小图变化范围 10%~100%；小图摆动范围是−60°~60°；小图摆动方式为反复；小图路径方式为曲线；手势交互参数无，如图 6-29 所示。

图 6-29

（4）将下一页图片转为按钮，将动作设置为跳转下一页。

（5）依次给每个元素设置动画效果。

（6）单击右侧浮动面板"页面属性"，勾选"禁止滑动翻页"。

步骤 6：制作第 12 页

（1）插入背景图片、2021.7.23……文字块、射击运动员、靶子、透明图片等元素，并将它们摆放在合适位置。

（2）将透明图片转为按钮，将按钮动作设置为转至下一页。

（3）依次设置进入动画。

（4）单击右侧浮动面板"页面属性"，勾选"禁止滑动翻页"。

步骤七：制作第 13 页

（1）插入背景图片、2021.7.23、设计运动员、靶子、金牌、五星红旗、下一页图片、金银铜文字块等，并将它们摆放在合适位置。

（2）设置标靶背景路径动画、设置标靶路径形变。

（3）插入解说员音频文件，并设置图标为透明，设置自动播放。

（4）单击互动选项卡中的图像序列，分别插入金银铜牌数字图像序列文件夹，设置互动属性，延迟时间均为 7 秒，播放速度分别为 2 帧/秒和 20 帧/秒，勾选"自动播放"，取消"循环播放"，并将其摆放至合适位置，如图 6-30 所示。

图 6-30

（5）依次设置动画效果。

（6）单击右侧浮动面板"页面属性"，勾选"禁止滑动翻页"。

步骤 8：制作第 14 页

（1）复制上页内容，删除全部动画，插入背景图片、2022.2.4……文字块、互动提示文字块、火炬图片等，并将其摆放在合适位置。

（2）将火炬图片转为自由拖曳互动效果，并设置距离限制，向下 68px。

（3）设置自由拖曳逻辑事件，对象自由拖曳 1，触发时机自由拖曳结束时，触发条件自由拖曳 1 的 Y 值大于等于 540，动作设置为切换页面延迟 0.5 秒转至下一页，如图 6-31 所示。

图 6-31

（4）依次设置对象进入动画。

（5）单击右侧浮动面板页面属性，勾选"禁止滑动翻页"。

步骤 9：制作第 15 页

（1）插入背景图片、前景图片、火炬、2022.2.4……文字块、下一页图片等，并将其摆放在合适位置。

（2）插入图像序列，实现冬奥会开幕式场景。

（3）插入冬奥音频，设置自动播放，设置图标为透明。

（4）将下一页图片转为按钮，设置动作为跳转下一页。

（5）依次设置元素进入动画效果。

（6）单击右侧浮动面板页面属性，勾选"禁止滑动翻页"。

步骤 10：制作第 16 页

（1）插入背景图片、2022.11.4……文字块、空间站各组件、流星、下一页图片等，并将其摆放在合适位置。

（2）将下一页图片转为按钮，按钮动作设置为跳转至下一页。

（3）依次设置元素进入动画，其中流星设置路径动画且勾选循环播放、问天设置路径动画。

（4）单击右侧浮动面板页面属性，勾选"禁止滑动翻页"。

步骤 11：制作第 17 页

（1）插入背景长图片、2022.11.20……文字块、6 个小标题与 6 个内容文字块、互动提示文字块、下一页图片等，并将其摆放在合适位置。

（2）设置背景图片为自由拖曳，设置距离限制，支持向左拖动 7040。

（3）将下一页图片转为按钮，设置动作为跳转至下一页。

（4）单击"对象管理"浮动面板，设置标题 2-6 H5 端不可见，内容 2-6 H5 端不可见，下一页按钮 H5 端不可见，如图 6-32 所示。

图 6-32

（5）依次设置 2022.11.20……文字块、标题1、内容1、新背景、互动提示文字块进入退出动画效果。

（6）设置自由拖曳逻辑事件1（拖曳时所有元素不可见）：对象自由拖曳1，触发时机自由拖曳时，动作设置-调整对象属性-将标题1-6，内容1-6及新背景设置为不可见。

（7）设置自由拖曳逻辑事件2（拖曳到一定位置后，大标题消失）：对象自由拖曳1，触发时机自由拖曳时，触发条件自由拖曳1X位置小于等于-2560，动作设置-调整对象属性-将文字块1设置为不可见。

（8）设置自由拖曳逻辑事件3（拖曳到一定位置后，出现对应标题与内容介绍）：对象自由拖曳1，触发时机自由拖曳结束时，触发条件-1 360<自由拖曳1X位置≤-640，动作设置-调整对象属性-将标题2内容2设置为可见。其余位置限制分别为-640<X≤0（标题1内容1）；-2 560<X≤-1 460（标题3内容3）；-4 420<X≤-3 800（标题4内容4）；-4 900<X≤-4 420（标题5内容5）；-5 800<X≤-5 120（标题6内容6）。

（9）设置自由拖曳逻辑事件4（拖曳到最右侧后出现下一页按钮）：对象自由拖曳1，触发时机自由拖曳结束时，触发条件自由拖曳1X位置≤-6400，动作设置-调整对象属性-将按钮设置为可见。

（10）单击右侧浮动面板页面属性，勾选"禁止滑动翻页"。

步骤12：制作第18页

（1）插入背景图片、2022.12.13……文字块、倒计时文字等，并将其摆放在合适的位置。

（2）设置 2022.12.13 对象 H5 端不可见。

（3）插入2个计时器。计时器1属性设置：名称正计时，设置方正悠黑简体二号字，灰色，左对齐，正计时，时分秒分别输入英文状态下：触发方式载入时；计时器2属性设置：名称倒计时，设置方正大黑简体特大号字，白色，左对齐；倒计时，时分秒预设时间分别为0时0分5秒：触发方式载入时。

（4）设置载入页面逻辑事件：对象为页面，触发时机载入页面时，动作设置为调整计时器，调整正计时为23时59分55秒，如图6-33所示。

（5）设置计时器逻辑事件：选中倒计时计时器，单击逻辑事件：当对象计时器开始倒计时，触发时机为持续调整时，触发条件为倒计时的时间值等于0，将动作设置为调整 2022.12.13 可见，让正计时暂停计时，延迟1秒跳转下一页。

（6）单击右侧浮动面板页面属性，勾选"禁止滑动翻页"。

步骤十三：制作第19页

（1）复制18页内容，删除所有动画与逻辑事件，插入白色背景图、通信行程卡小程序已暂停服务文字块、开发者于……文字块以及行程卡图标，并将其摆放在合适位置。

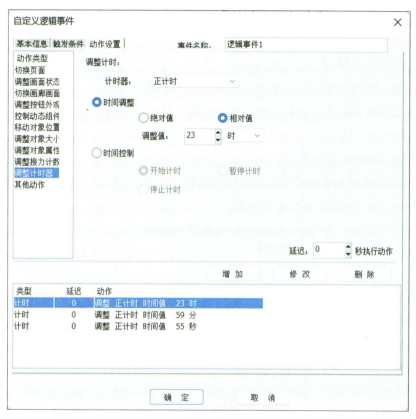

图 6-33

（2）依次设置进入动画效果，其中行程卡图片为路径形变。

（3）单击右侧浮动面板页面属性，勾选"自动翻页"，将延迟时间设置为 1 秒，勾选"禁止滑动翻页"。

子任务 4　制作第 20~21 页

步骤 1：制作第 20 页

（1）插入背景图片、文字块、行程卡留念图片，生成我的 2023 年心愿图片，并摆放在合适位置。

（2）将行程卡留念图片转为按钮，按钮动作设置为跳转至 22 页。

（3）将生成我的 2023 年心愿图片转为按钮，按钮动作设置为跳转至 23 页。

（4）依次设置进入动画。

（5）单击右侧浮动面板页面属性，勾选"禁止滑动翻页"。

步骤 2：制作第 21 页

本页为跳转页面用，复制 20 页，再删除全部动画效果。单击右侧浮动面板页面属性，勾选"禁止滑动翻页"。

子任务5　制作第 22~24 页

步骤 1：制作第 22 页

（1）单击右侧发布设置浮动面板，输入"待春暖花开 愿所求皆所愿"，单击下方上传同步。待完成上传后单击查看，在后台下载此作品的二维码，用于插入作品中。

（2）插入合成行程卡背景，合成行程卡、二维码，返回按钮图片、合成我的行程卡留念图片等，并摆放在合适位置。

（3）插入文本，文本提示语为：可输入您在疫情 3 年到过的城市并保存图片留念，输入限制选择"文本域"，如图 6-34 所示。

图 6-34

（4）插入微信昵称，设置昵称来源为访问者，字号小一，颜色黑色，对齐方式为居右。

（5）将返回按钮图片转为按钮，将动作设置为转至第 21 页。

（6）将合成我的行程卡留念图片转为按钮，设置动作为调整合成行程卡图片为不可见。

（7）选中需要最终需要合成的图片，转为合成图片。

（8）设置合成我的行程卡留念按钮，增加动作为合成图片。

（9）单击右侧浮动面板页面属性，勾选"禁止滑动翻页"。

（1）插入背景、重新选择按钮图片，选择你的 3 个新年心愿文字块，返回按钮图片，每个新年愿望的 4 张图片等，并摆放在合适位置。

（2）插入 3 个接力计数，作为辅助判断参数，设置计数方式为动作控制，并在对象管理面板中设置对象 H5 端不可见。

（3）设置每个新年愿望选择按钮，新年愿望四张图片层次关系为：置灰图片最上层、愿望按钮第二层、显示选中效果第三层、透明遮罩为最下层，其中置灰图片与显示选中效果图片设置为 H5 端不可见。

（4）设置新年愿望按钮动作 1（以涨工资新年愿望为例，一次对应的接力计数数值分别为 1、2、3……12）：动作操作为单击，判断条件为接力计数 1 数值等于 0，动作设置为：调整选项 1 计数且数值至 1，不限负数；调整涨工资按钮 1 且图层置顶；调整选中效果图片为可见；延迟 0.5 秒调整遮罩且图层置顶，如图 6-35 所示。

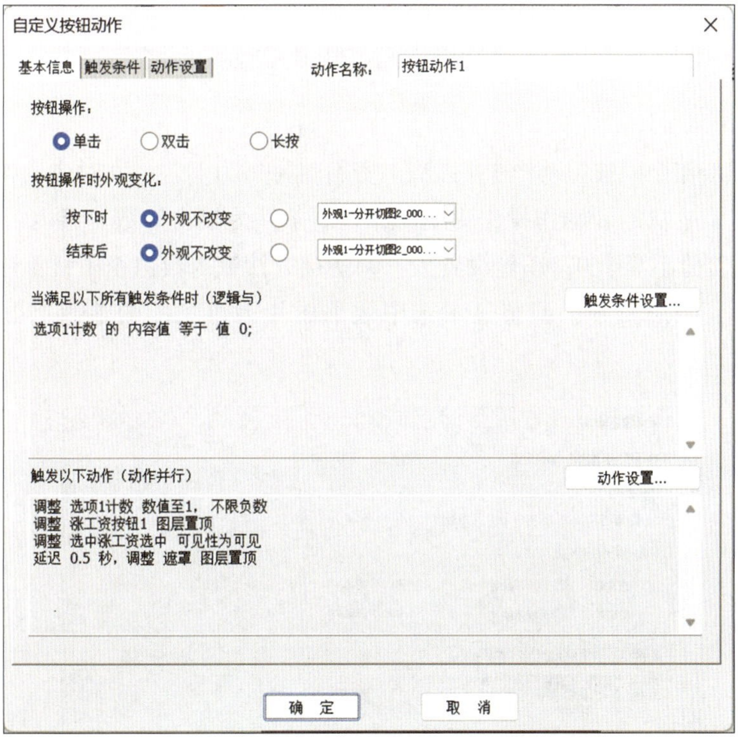

图 6-35

（5）设置新年愿望按钮动作 2（以涨工资新年愿望为例，一次对应的接力计数数值分别为 1、2、3……12）：按钮操作为单击，判断条件为接力计数 1 且数值不等于 0；接力计数 2 内容等于 0；接力计 3 内容数值等于 0；调整接力计数 2 数值至 1 且不限负数；调整涨工资按钮图层置顶、调整显示选中效果图片为可见；调整遮罩图层置顶，如图 6-36 所示。

强交互类 H5 作品策划与制作

项目六

161

图 6-36

（6）设置新年愿望按钮动作 3（以涨工资新年愿望为例，一次对应的接力计数数值分别为 1、2、3……12）；动作操作为单击；判断条件为接力计数 1 且内容值不等于 0；接力计数 2 内容值不等于 0；动作设置为：调整接力计数 3 数值至 1 且不限负数；调整涨工资按钮 1，图层置顶；调整显示选中效果图片为可见；调整遮罩图层置顶，如图 6-37 所示。

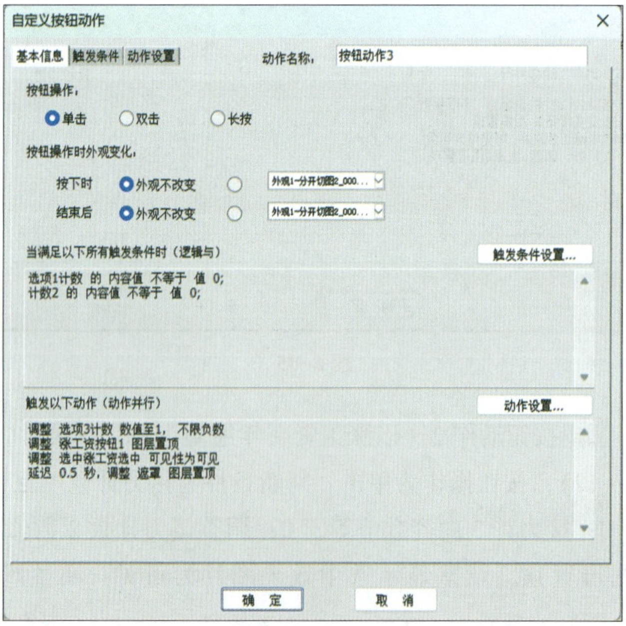

图 6-37

（7）其余新年心愿依次设置对应的按钮动作。

（8）将返回按钮图片设置为按钮，动作为转至第 21 页。

（9）单击按钮，插入"选好了"按钮，分别设置外观 1，外观 2，动作设置为单击，触发条件为选好了按钮画面为外观 2 时，动作设置为转至下一页。

（10）单击接力计数 3，单击逻辑事件，对象为接力计数 3，触发时机为数字调整后，动作设置为：调整每个置灰图片可见性为可见；同时，调整"选好了"按钮为外观 2。

（11）单击右侧浮动面板页面属性，勾选"禁止滑动翻页"。

步骤 3：制作第 24 页

（1）插入背景，2023 我的新年愿望清单文字块，返回按钮图片，祝福语，保存我的愿望清单按钮图片，作品二维码等，将其摆放在合适的位置，并设置进入动画。

（2）插入 3 个接力计数，设置计数方式为动作控制，分别设置与上一页对应接力计数关联。

（3）插入 3 个相同画廊，均为愿望清单画廊。

（4）设置载入页面逻辑事件，以第一个接力计数为例，设置逻辑时间为，载入页面时，当接力计数 1 的数值为 1 时，设置画廊 1 的画面为画面 1（其余逻辑事件依次设置即可），如图 6-38 所示。

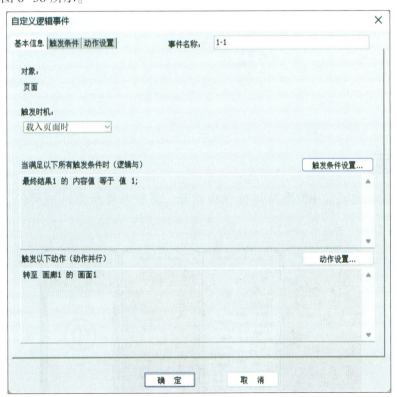

图 6-38

（5）插入微信头像、微信昵称互动。

（6）选中需要的元素设置为合成图片。

（7）将保存我的愿望清单转为按钮，设置动作为合成图片。

（8）单击右侧浮动面板页面属性，勾选"禁止滑动翻页"。

子任务6　发布作品

步骤：

单击右侧发布设置浮动面板，输入"待春暖花开 愿所求皆所愿"，翻页图标取消勾选，禁止滑动翻页取消勾选，适配方式选择宽度适配，垂直居中。单击"上传同步"按钮，在飞翔云服务平台上完成作品发布，如图6-39所示。

图 6-39

任务成果

制作并发布完成的 H5 作品《待春暖花开，愿所求皆所愿》成果的主要页面如图 6-40 所示。

图 6-40

 **项目训练**

模拟训练

学生分组进行强交互类 H5 作品模拟训练，按照上述教学内容完成《待春暖花开，愿所求皆所愿》作品的策划与制作。

拓展训练

学生分组进行强交互类 H5 作品创意训练，每组应充分讨论，自定选题，按照上述任务次序进行强交互类 H5 作品的策划、素材准备与制作发布，将任务成果填写在相应的活页中或自行加页完成。

参 考 文 献

[1] 苏杭. H5+移动营销设计宝典 [M]. 北京：清华大学出版社，2017.

[2] 网易传媒设计中心著. H5 匠人手册：霸屏 H5 实战解密 [M]. 北京：清华大学出版社，2018.

[3] 余兰亭，万润泽. H5 设计与运营（视频指导版）[M]. 北京：人民邮电出版社，2020.

[4] [美] 尼基·厄舍. 互动新闻：黑客、数据和代码 [M]. 郭恩强，译. 北京：中国人民大学出版社，2020.

[5] 安菲. 融媒语境下 H5 技术的创新应用 [J]. 活力. 2019（5）.

[6] 王妍，李霞：互动新闻的前世、今生与未来：媒介变迁与互动新闻演进研究 [J]. 现代传播. 2019（9）.

[7] 孙鹿童. 生产逻辑转变下的用户互动 [J]. 中国编辑. 2020（9）.

[8] 曹开研. 互动新闻作为一种新闻实验的现状及问题 [J]. 青年记者. 2020（11）.

[9] 张少彤. 互动新闻：时政报道的新探索 [J]. 青年记者. 2020（12）.

[10] 赵冰怡. 我国互动新闻的探索实践及创新路径——以中国新闻奖创意互动类获奖作品为例 [J]. 西部广播电视. 2023（1）.

[11] 程直. H5 新闻的互动性对受众阅读意愿的影响机制研究 [D]. 重庆：重庆交通大学. 2022.

融媒体 H5 内容策划与制作

任务工单

主　编　师　静

副主编　曹　岩　陈富豪

扫描下载工单电子版

北京理工大学出版社

BEIJING INSTITUTE OF TECHNOLOGY PRESS

目 录

Contents

项目一　认识融媒体 H5

任务工单 1.1　了解 H5 的发展与类型

任务名称	学习 H5 基础知识,并进行案例分析	学时	
学生姓名		班级	
实训地点	校内专业实训室	任务成绩	

任务描述:

1. 学习 H5 基础知识与 H5 作品,思考并回答问题:

(1)HTML5 标准开发的目的是什么?

(2)你理解的 H5 是什么?

(3)H5 有哪些应用场景,并举例说明?

(4)H5 内容产品有什么特点?

(5)H5 与微信文章、短视频、PPT 有哪些联系与区别?

2. 在"H5 案例分享""H5 创意汇"等网站查看众多 H5 案例:

(1)总结 H5 作品有哪些展现形态。

(2)自行查找优秀 H5 作品,并参考教材中的分析方式进行案例分析。

任务实施:

建议分组讨论,分享各自查找的 H5 案例,每个人在思考与讨论中加深对 H5 的理解,并学习案例分析方法。

小组讨论后,每个组员自行完成上述学习任务。

任务成果:

1. 关于 H5 基础知识的思考

(1)HTML5 标准开发的目的。

（2）我理解的 H5 是：

（3）H5 的几种应用场景：

（4）H5 内容产品的特点：

（5）H5 与微信文章、短视频、PPT 的联系与区别。

2. H5 案例总结与分析

（1）总结 H5 作品的展现形态。

（2）查找并分析优秀H5作品。

任务工单 1.2　理解 H5 互动新闻

任务名称	学习 H5 互动新闻的知识与作品，并进行案例分析	学时	
学生姓名		班级	
实训地点	校内专业实训室	任务成绩	

任务描述：

　　1. 学习 H5 互动新闻的知识与获奖作品，思考并回答问题：

　　(1)中国新闻奖是哪年哪届开始设置媒体融合类奖项的？该奖项至今有哪些变化？

　　(2)你认为 H5 互动新闻有哪些特点？

　　(3)H5 互动新闻有哪些互动方式？

　　(4)策划一部 H5 新闻作品需要从哪些方面思考？

　　2. 查找并分析一个中国新闻奖 H5 互动新闻案例。

任务实施：

　　建议分组讨论，分享各自查找的 H5 互动新闻作品，每个人在思考与讨论中加深对 H5 新闻的理解，通过案例分析学习 H5 新闻策划方法。

　　小组讨论后，每个组员自行完成上述学习任务。

任务成果：

　　1. 学习 H5 互动新闻并思考：

　　(1)中国新闻奖是哪年哪届开始设置媒体融合类奖项的？该奖项至今有哪些变化？

续表

（2）你认为 H5 互动新闻有什么特点？

（3）H5 互动新闻有哪些互动方式？

（4）策划一部 H5 新闻作品需要从哪些方面思考？

2. 查找并分析一个中国新闻奖 H5 互动新闻案例。

项目一　评价与拓展

项目名称	认识融媒体 H5		学时	
学生姓名			班级	
实训地点	校内专业实训室		项目成绩	

学生总结与自我评估

请根据自己任务完成的情况,进行自我评估与总结,并提出改进意见。

1. _____
2. _____
3. _____
4. _____
5. _____

_____
_____

个人成绩

任务 1.1 思考回答 20%	任务 1.1 案例分析 30%	任务 1.2 思考回答 20%	任务 1.2 案例分析 30%	总分

📋 **学习笔记**

....
....
....
....
....

项目二 图文类 H5 作品策划与制作

任务工单 2.1 策划 H5 作品

任务名称	策划图文类 H5 作品	学时	
学生姓名		班级	
实训地点	校内专业实训室	任务成绩	

任务描述:

学生分组进行图文类 H5 作品创意训练,每组应充分讨论,自定选题,围绕特定选题进行图文类 H5 作品策划,完成作品创意构思、原型图设计、作品整体策划方案制定。

任务实施:

(1)完成分组,3~4 人为一小组,选出组长。

(2)对 H5 策划任务按照先后顺序拆解为创意构思、设计规划、整体策划三项子任务,完成不同形式的文档。

(3)组长将子任务布置给团队成员,由专人负责,分工合作。

子任务	输出形式	完成时间	负责人
1. 创意构思	思维导图	年 月 日	
2. 设计规划	原型图	年 月 日	
3. 整体策划	策划方案	年 月 日	

任务成果：

子任务 1　创意构思成果

团队经过多次讨论与头脑风暴，三级作品结构与内容构思，利用 mindmaster 或 Xmind 软件制作思维导图。

子任务 2　设计规划成果

团队根据本项目的需求方向、内容布局与设计风格，对作品的三级结构的页面进行版式规划，设计三张原型图，手绘版或使用绘图软件制作。

子任务 3　策划作品成果

团队按照形成的创意构思与原型图,策划每个页面的内容与互动功能设计,完成策划方案的填写。

作品页码	原型图	页面内容	互动设计	音效

学习笔记

任务工单 2.2　准备素材

任务名称	准备作品素材		学时	
学生姓名			班级	
实训地点	校内专业实训室		任务成绩	

任务描述：

（1）根据前期策划，搜集作品所用的图文素材。

（2）根据原型图，对 H5 作品的图片素材进行处理。

任务实施：

本任务主要分为图片素材查找、图片素材处理两项子任务，组长将子任务布置给团队成员，由专人负责，按期完成。

子任务	输出形式	完成时间	负责人
查找图片素材	静态图片	年　月　日	
处理图片素材	静态与动态图片	年　月　日	

任务成果：

子任务 1　查找图片素材成果

续表

子任务 2　处理图片素材成果

任务工单 2.3　制作 H5 作品

任务名称	制作 H5 作品	学时	
学生姓名		班级	
实训地点	校内专业实训室	任务成绩	

任务描述：

应用方正飞翔数字版制作图文类 H5 作品。

任务实施：

本任务按作品结构分为 3~4 个部分与作品发布,共 4-5 个子任务,组长将子任务布置给团队成员,由专人负责,按期完成。

子任务	输出形式	完成时间	负责人
第 1 部分： 首页制作	工程文件	年　月　日	
第 2 部分制作	工程文件	年　月　日	
第 3 部分制作	工程文件	年　月　日	
作品发布	二维码与作品链接	年　月　日	

任务成果：

学生小组制作并发布完成图文类 H5 作品,提交本组作品的二维码与链接,作品名称(即打开链接后显示的名称)需命名为小组号与组长姓名。

项目二　评价与拓展

项目名称	图文类 H5 作品策划与制作		学时	
学生姓名			班级	
实训地点	校内专业实训室		项目成绩	

学生总结与自我评估

请根据自己项目完成的情况,对自己的实训工作完成情况进行自我评估,并提出改进意见。

1. _____

2. _____

3. _____

小组项目实训考核评价

考核指标		评分内容	评分标准	分值	得分
作品策划	创意构思	思维导图	思路清晰,层次分明,准确诠释主题	10	
	设计规划	原型图	版式布局和谐美观,风格统一,符合主题	10	
	整体策划	策划方案	作品结构完整,每页内容元素规划合理,互动设计具有逻辑性和操作性	10	
素材准备	文案准备	文案素材	文案准确诠释主题,通顺流畅、层次合理	10	
	图片素材处理	图片素材	图片素材处理得当,与整体页面设计和谐;图片格式、尺寸与像素符合要求	10	

考核指标		评分内容	评分标准	分值	得分
作品制作	页面制作	工程文件	页面主题鲜明,文案、图片相辅相成;合理设置触摸操作与动效,能有效引导用户完成作品阅读与分享	30	
	作品发布	二维码与作品链接	发布设置合理,扫码与链接有效,能快速打开观看	5	
团队配合	团队分工	分工表	分工明确,子任务有专人负责	5	
	协调合作	实训表现	团队成员有效沟通协作,执行力强,按时完成任务	10	
合计				100	

个人成绩

总分为小组成绩、自我评价、组长评价和教师评价得分值之和)

小组成绩 50%	自我评价 10%	组长评价 20%	教师评价 20%	总分

案例拓展

　　用手机扫下面的二维码观看丹宸永固品牌推出的故宫吉祥物系列金饰宣传 H5 作品《寻找故宫瑞兽》。

项目二　图文类 H5 作品策划与制作

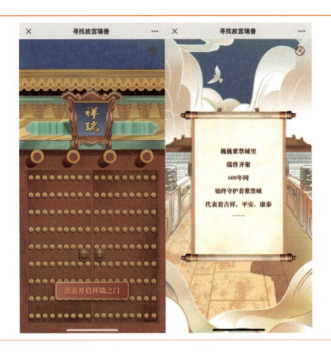

讨论思考：

《寻找故宫瑞兽》的策划思路与图像展现方式有什么特点？

项目三　音频类 H5 作品策划与制作

任务工单 3.1　策划 H5 作品

任务名称	策划音频类 H5 作品	学时	
学生姓名		班级	
实训地点	校内专业实训室	任务成绩	

任务描述：

　　学生分组进行音频类 H5 作品创意训练，每组应充分讨论，自定选题，围绕特定选题进行音频类 H5 作品策划，完成作品创意构思、原型图设计、作品整体策划方案制定。

任务实施：

　　（1）完成分组，3~4 人为一小组，选出组长。

　　（2）对 H5 策划任务按照先后顺序拆解为创意构思、设计规划、整体策划三项子任务，完成不同形式的文档。

　　（3）组长将子任务布置给团队成员，专人负责，分工合作。

子任务	输出形式	完成时间	负责人
1. 创意构思	思维导图	年　月　日	
2. 设计规划	原型图	年　月　日	
3. 整体策划	策划方案	年　月　日	

任务成果：

子任务 1　创意构思成果

团队经过多次讨论与头脑风暴,三级作品结构与内容构思,利用 mindmaster 或 Xmind 软件制作思维导图。

子任务 2　设计规划成果

团队根据本项目的需求方向、内容布局与设计风格,对作品的三级结构的页面进行版式规划,设计三张原型图,手绘版或使用绘图软件制作。

子任务 3　策划作品成果

　　团队按照形成的创意构思与原型图,策划每个页面的内容与互动功能设计,完成策划方案的制作。

作品页码	原型图	页面内容	互动设计	音效

学习笔记

任务工单 3.2　准备素材

任务名称	准备作品素材		学时	
学生姓名			班级	
实训地点	校内专业实训室		任务成绩	

任务描述：

（1）根据前期策划，搜集作品所用的音频素材；

（2）根据原型图，对 H5 作品的背景图片进行处理，并查找其他图片素材

任务实施：

本任务主要分为音频素材查找、图片素材处理两项子任务，组长将子任务布置给团队成员，由专人负责，按期完成。

子任务	输出形式	完成时间	负责人
音频素材查找	音频链接	年　月　日	
图片素材处理	静态与动态图片	年　月　日	

任务成果：

子任务 1　音频素材查找成果

音频素材名称、来源网站名称、链接地址等：

子任务 2　图片素材成果

任务工单 3.3　制作 H5 作品

任务名称	制作 H5 作品	学时	
学生姓名		班级	
实训地点	校内专业实训室	任务成绩	

任务描述:

应用方正飞翔数字版制作音频类 H5 作品。

任务实施:

本任务按作品结构分为 3~4 个部分与作品发布,共 4~5 个子任务,组长将子任务布置给团队成员,由专人负责,按期完成。

子任务	输出形式	完成时间	负责人
第 1 部分: 首页制作	工程文件	年　月　日	
第 2 部分制作	工程文件	年　月　日	
第 3 部分制作	工程文件	年　月　日	
作品发布	二维码与作品链接	年　月　日	

任务成果:

学生小组制作并发布完成音频类 H5 作品,提交本组作品的二维码与链接,作品名称(即打开链接后显示的名称)需命名为小组号与组长姓名。

项目三　评价与拓展

项目名称	音频类 H5 作品策划与制作	学时	
学生姓名		班级	
实训地点	校内专业实训室	项目成绩	

学生总结与自我评估

　　请根据自己项目完成的情况,对自己的实训工作完成情况进行自我评估,并提出改进意见。

1. _____

2. _____

3. _____

小组项目实训考核评价

考核指标		评分内容	评分标准	分值	得分
作品策划	创意构思	思维导图	思路清晰,层次分明,准确诠释主题	10	
	设计规划	原型图	版式布局和谐美观,风格统一,符合主题	10	
	整体策划	策划方案	作品结构完整,每页内容元素规划合理,互动设计具有逻辑性和操作性	10	
素材准备	音频素材准备	音频素材	音频素材齐备,大小适宜,按照策划次序有序排列	10	
	图片素材处理	图片素材	图片素材处理得当,与整体页面设计和谐;图片格式、尺寸与像素符合要求	10	

考核指标		评分内容	评分标准	分值	得分
作品制作	页面制作	工程文件	页面主题鲜明,文案、图片相辅相成;合理设置触摸操作与动效,能有效引导用户完成作品阅读与分享	30	
	作品发布	二维码与作品链接	发布设置合理,扫码与链接有效,能快速打开观看	5	
团队配合	团队分工	分工表	分工明确,子任务有专人负责	5	
	协调合作	实训表现	团队成员有效沟通协作,执行力强,按时完成任务	10	
合计				100	

个人成绩

（总分为小组成绩、自我评价、组长评价和教师评价得分值之和）

小组成绩 50%	自我评价 10%	组长评价 20%	教师评价 20%	总分

案例拓展

　　扫描下方二维码观看北京电台新媒体制作的第九届北京国际电影节的 H5 宣传作品。

音频类 H5 作品策划与制作　项目三

讨论思考：

　　《心中的歌献给党》与《与时光对话，声而不同》同为音频类 H5 作品，二者的策划思路与交互设计方式有什么主要差异？

项目四　视频类 H5 作品策划与制作

任务工单 4.1　策划 H5 作品

任务名称	策划视频类 H5 作品	学时	
学生姓名		班级	
实训地点	校内专业实训室	任务成绩	

任务描述：

　　学生分组进行视频类 H5 作品创意训练，每组应充分讨论，自定选题，围绕特定选题进行视频类 H5 作品策划，完成作品创意构思、原型图设计、作品整体策划方案制定。

任务实施：

　　(1) 完成分组，3~4 人为一小组，选出组长。

　　(2) 对 H5 策划任务按照先后顺序拆解为创意构思、设计规划、整体策划三项子任务，完成不同形式的文档。

　　(3) 组长将子任务布置给团队成员，专人负责，分工合作。

子任务	输出形式	完成时间	负责人
1. 创意构思	思维导图	年　月　日	
2. 设计规划	原型图	年　月　日	
3. 整体策划	策划方案	年　月　日	

任务成果：

子任务 1　创意构思成果

　　团队经过多次讨论与头脑风暴，三级作品结构与内容构思，利用 mindmaster 或 Xmind 软件制作思维导图。

子任务 2　设计规划成果

　　团队根据本项目的需求方向、内容布局与设计风格，对作品的三级结构的页面进行版式规划，设计三张原型图，手绘版或使用绘图软件制作。

子任务 3　策划作品成果

团队按照形成的创意构思与原型图,策划每个页面的内容与互动功能设计,完成策划方案的制作。

作品页码	原型图	页面内容	互动设计	音效

📋 **学习笔记**

任务工单 4.2　准备素材

任务名称	准备作品素材		学时	
学生姓名			班级	
实训地点	校内专业实训室		任务成绩	

任务描述：

　　(1)根据前期策划,搜集或拍摄作品所用的视频素材。

　　(2)对视频素材进行剪辑处理。

　　(3)准备图文、音频等其他类型素材。

任务实施：

　　本任务主要分为音频素材查找、图片素材处理两项子任务,组长将子任务布置给团队成员,由专人负责,按期完成。

子任务	输出形式	完成时间	负责人
搜集或拍摄 视频素材	mp4/avi/mov	年　月　日	
剪辑处理 视频素材	mp4 文件	年　月　日	
准备图片、 音频等素材	图片 png24 文件、 音频 mp3 文件	年　月　日	

任务成果：

子任务 1　搜集或拍摄视频素材成果

续表

子任务 2　剪辑处理视频素材成果

续表

子任务 3　图文或音频素材成果

学习笔记

任务工单 4.3　制作 H5 作品

任务名称	制作 H5 作品	学时	
学生姓名		班级	
实训地点	校内专业实训室	任务成绩	

任务描述：

应用方正飞翔数字版制作视频类 H5 作品。

任务实施：

本任务按作品结构分为 3~4 个部分与作品发布，共 4~5 个子任务，组长将子任务布置给团队成员，由专人负责，按期完成。

子任务	输出形式	完成时间	负责人
第 1 部分：首页制作	工程文件	年　月　日	
第 2 部分制作	工程文件	年　月　日	
第 3 部分制作	工程文件	年　月　日	
作品发布	二维码与作品链接	年　月　日	

任务成果：

学生小组制作并发布完成视频类 H5 作品，提交本组作品的二维码与链接，作品名称（即打开链接后显示的名称）需命名为小组号与组长姓名。

项目四　评价与拓展

项目名称	视频类 H5 作品策划与制作	学时	
学生姓名		班级	
实训地点	校内专业实训室	项目成绩	

学生总结与自我评估

请根据自己项目完成的情况,对自己的实训工作完成情况进行自我评估,并提出改进意见。

1. _____

2. _____

3. _____

小组项目实训考核评价

考核指标		评分内容	评分标准	分值	得分
作品策划	创意构思	思维导图	思路清晰,层次分明,准确诠释主题	10	
	设计规划	原型图	版式布局和谐美观,风格统一,符合主题	10	
	整体策划	策划方案	作品结构完整,每页内容元素规划合理,互动设计具有逻辑性和操作性	10	
素材准备	视频素材准备	视频素材	视频素材齐备,大小、时长适宜,按照策划合理摆放	10	
	图片、音频等素材处理	图片音频素材	图片、音频等素材处理得当,与整体页面设计和谐;图片格式、尺寸与像素符合要求	10	

考核指标		评分内容	评分标准	分值	得分
作品制作	页面制作	工程文件	页面主题鲜明,文案、图片相辅相成;合理设置触摸操作与动效,能有效引导用户完成作品阅读与分享	30	
	作品发布	二维码与作品链接	发布设置合理,扫码与链接有效,能快速打开观看	5	
团队配合	团队分工	分工表	分工明确,子任务有专人负责	5	
	协调合作	实训表现	团队成员有效沟通协作,执行力强,按时完成任务	10	
合计				100	

个人成绩

(总分为小组成绩、自我评价、组长评价和教师评价得分值之和)

小组成绩 50%	自我评价 10%	组长评价 20%	教师评价 20%	总分

案例拓展

扫描下方二维码观看腾讯公益制作的 H5 作品《跟着阿猫去流浪》。

续表

讨论思考:

　　《跟着阿猫去流浪》作为视频类 H5 作品,策划思路与交互设计方式有什么特点?

项目五　测试与游戏类 H5 作品策划与制作

任务工单 5.1　策划 H5 作品

任务名称	策划测试与游戏类 H5 作品	学时	
学生姓名		班级	
实训地点	校内专业实训室	任务成绩	

任务描述：

　　学生分组进行测试与游戏类 H5 作品创意训练,每组应充分讨论,自定选题,围绕特定选题进行测试与游戏类 H5 作品策划,完成作品创意构思、原型图设计、作品整体策划方案制定。

任务实施：

　　(1)完成分组,3~4 人为一小组,选出组长。

　　(2)对 H5 策划任务按照先后顺序拆解为创意构思、设计规划、整体策划三项子任务,完成不同形式的文档。

　　(3) 组长将子任务布置给团队成员,由专人负责,分工合作。

子任务	输出形式	完成时间	负责人
1. 创意构思	思维导图	年　月　日	
2. 设计规划	原型图	年　月　日	
3. 整体策划	策划方案	年　月　日	

续表

任务成果：

子任务 1　创意构思成果

团队经过多次讨论与头脑风暴，三级作品结构与内容构思，利用 mindmaster 或 Xmind 软件制作思维导图。

子任务 2　设计规划成果

团队根据本项目的需求方向、内容布局与设计风格，对作品的四级结构的页面进行版式规划，设计四张原型图，手绘版或使用绘图软件制作。

子任务 3　策划作品成果

团队按照形成的创意构思与原型图,策划每个页面的内容与互动功能设计,完成策划方案的制作。

作品页码	原型图	页面内容	互动设计	音效

项目五　测试与游戏类 H5 作品策划与制作

学习笔记

任务工单5.2 准备素材

任务名称	准备作品素材		学时	
学生姓名			班级	
实训地点	校内专业实训室		任务成绩	

任务描述:

(1)根据前期策划,查找并创作本作品所用的图文素材。

(2)根据原型图,对H5作品的图片与文案进行处理。

任务实施:

本任务主要分为素材查找与创作、素材加工与处理两项子任务,组长将子任务布置给团队成员,由专人负责,按期完成。

子任务	输出形式	完成时间	负责人
素材查找与创作	素材图片	年 月 日	
素材加工与处理	静态与动态图片	年 月 日	

任务成果:

学习笔记

任务工单 5.3 制作 H5 作品

任务名称	制作 H5 作品		学时	
学生姓名			班级	
实训地点	校内专业实训室		任务成绩	

任务描述：

应用方正飞翔数字版制作测试与游戏类 H5 作品。

任务实施：

本任务按作品结构分为 4 个部分与作品发布，共 5 个子任务，组长将子任务布置给团队成员，由专人负责，按期完成。

子任务	输出形式	完成时间	负责人
第 1 部分： 首页制作	工程文件	年　月　日	
第 2 部分制作	工程文件	年　月　日	
第 3 部分制作	工程文件	年　月　日	
第 4 部分制作	工程文件	年　月　日	
作品发布	二维码与作品链接	年　月　日	

任务成果：

学生小组制作并发布完成测试与游戏类 H5 作品，提交本组作品的二维码与链接，作品名称(即打开链接后显示的名称)需命名为小组号与组长姓名。

项目五　评价与拓展

项目名称	测试与游戏类 H5 作品策划与制作	学时	
学生姓名		班级	
实训地点	校内专业实训室	项目成绩	

学生总结与自我评估

请根据自己项目完成的情况,对自己的实训工作完成情况进行自我评估,并提出改进意见。

1. _____
2. _____
3. _____

小组项目实训考核评价

考核指标		评分内容	评分标准	分值	得分
作品策划	创意构思	思维导图	思路清晰,层次分明,准确诠释主题	10	
	设计规划	原型图	版式布局和谐美观,风格统一,符合主题	10	
	整体策划	策划方案	作品结构完整,每页内容元素规划合理,互动设计具有逻辑性和操作性	10	
素材准备	文案准备	文案素材	文案准确诠释主题,通顺流畅、层次合理	10	
	图片素材处理	图片素材	图片素材处理得当,与整体页面设计和谐;图片格式、大小与像素符合要求	10	

考核指标		评分内容	评分标准	分值	得分
作品制作	页面制作	工程文件	页面主题鲜明,文案、图片相辅相成;合理设置触摸操作与动效,能有效引导用户完成作品阅读与分享	30	
	作品发布	二维码与作品链接	发布设置合理,扫码与链接有效,能快速打开观看	5	
团队配合	团队分工	分工表	分工明确,子任务有专人负责	5	
	协调合作	实训表现	团队成员有效沟通协作,执行力强,按时完成任务	10	
合计				100	

个人成绩

总分为小组成绩、自我评价、组长评价和教师评价得分值之和)

小组成绩 50%	自我评价 10%	组长评价 20%	教师评价 20%	总分

案例拓展

扫描下方二维码观看腾讯制作的世界读书日的 H5 宣传作品

项目五 测试与游戏类 H5 作品策划与制作

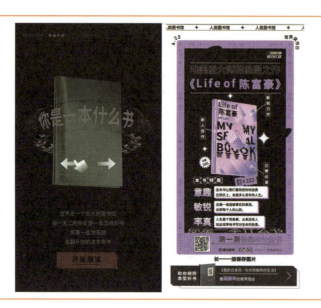

讨论思考：

　　《劳动节形象》与《独一无二的你，是一本什么书》同为测试与游戏类 H5 作品，二者的策划思路与交互设计方式有什么主要差异？

项目六　强交互类 H5 作品策划与制作

任务工单 6.1　策划 H5 作品

任务名称	策划强交互类 H5 作品	学时	
学生姓名		班级	
实训地点	校内专业实训室	任务成绩	

任务描述：

　　学生分组进行强交互类 H5 作品创意训练，每组应充分讨论，自定选题，围绕特定选题进行强交互类 H5 作品策划，完成作品创意构思、原型图设计、作品整体策划方案制定。

任务实施：

　　(1) 完成分组，3~4 人为一小组，选出组长。

　　(2) 对 H5 策划任务按照先后顺序拆解为创意构思、设计规划、整体策划三项子任务，完成不同形式的文档。

　　(3) 组长将子任务布置给团队成员，由专人负责，分工合作。

子任务	输出形式	完成时间	负责人
1. 创意构思	思维导图	年　月　日	
2. 设计规划	原型图	年　月　日	
3. 整体策划	策划方案	年　月　日	

任务成果：

子任务 1　创意构思成果

团队经过多次讨论与头脑风暴，三级作品结构与内容构思，利用 mindmaster 或 Xmind 软件制作思维导图。

子任务 2　设计规划成果

团队根据本项目的需求方向、内容布局与设计风格，对作品的五级结构的页面进行版式规划，设计对应每个页面原型图，手绘版或使用绘图软件制作。

子任务3　策划作品成果

团队按照形成的创意构思与原型图,策划每个页面的内容与互动功能设计,完成策划方案的制作。

作品页码	原型图	页面内容	互动设计	音效

项目六　强交互类 H5 作品策划与制作

学习笔记

任务工单6.2　准备素材

任务名称	准备作品素材		学时	
学生姓名			班级	
实训地点	校内专业实训室		任务成绩	

任务描述：

(1)根据前期策划，查找并创作本作品所用的图文素材。

(2)根据原型图，对H5作品的图片与文案进行处理。

任务实施：

本任务主要分为素材查找与创作、素材加工与处理两项子任务，组长将子任务布置给团队成员，由专人负责，按期完成。

子任务	输出形式	完成时间	负责人
素材查找与创作	素材图片	年　月　日	
素材加工与处理	静态与动态图片	年　月　日	

任务成果：

学习笔记

任务工单 6.3 制作 H5 作品

任务名称	制作 H5 作品		学时	
学生姓名			班级	
实训地点	校内专业实训室		任务成绩	

任务描述:

应用方正飞翔数字版制作强交互类 H5 作品。

任务实施:

本任务按作品结构分为 5 个部分与作品发布,共 6 个子任务,组长将子任务布置给团队成员,由专人负责,按期完成。

子任务	输出形式	完成时间	负责人
第 1 部分:封面制作	工程文件	年　月　日	
第 2 部分制作	工程文件	年　月　日	
第 3 部分制作	工程文件	年　月　日	
第 4 部分制作	工程文件	年　月　日	
第 5 部分制作	工程文件	年　月　日	
作品发布	二维码与作品链接	年　月　日	

任务成果:

学生小组制作并发布完成强交互类 H5 作品,提交本组作品的二维码与链接,作品名称(即打开链接后显示的名称)需命名为小组号与组长姓名。

项目六　强交互类 H5 作品策划与制作

项目六　评价与拓展

项目名称	强交互类 H5 作品策划与制作		学时	
学生姓名			班级	
实训地点	校内专业实训室		项目成绩	

学生总结与自我评估

　　请根据自己项目完成的情况,对自己的实训工作完成情况进行自我评估,并提出改进意见。

　　1. _____

　　2. _____

　　3. _____

小组项目实训考核评价

考核指标		评分内容	评分标准	分值	得分
作品策划	创意构思	思维导图	思路清晰,层次分明,准确诠释主题	10	
	设计规划	原型图	版式布局和谐美观,风格统一,符合主题	10	
	整体策划	策划方案	作品结构完整,每页内容元素规划合理,互动设计具有逻辑性和操作性	10	
素材准备	文案准备	文案素材	文案准确诠释主题,通顺流畅、层次合理	10	
	图片素材处理	图片素材	图片素材处理得当,与整体页面设计和谐;图片格式、大小与像素符合要求	10	

考核指标		评分内容	评分标准	分值	得分
作品制作	页面制作	工程文件	页面主题鲜明,文案、图片相辅相成;合理设置触摸操作与动效,能有效引导用户完成作品阅读与分享	30	
	作品发布	二维码与作品链接	发布设置合理,扫码与链接有效,能快速打开观看	5	
团队配合	团队分工	分工表	分工明确,子任务有专人负责	5	
	协调合作	实训表现	团队成员有效沟通协作,执行力强,按时完成任务	10	
合计				100	

个人成绩

总分为小组成绩、自我评价、组长评价和教师评价得分值之和)

小组成绩 50%	自我评价 10%	组长评价 20%	教师评价 20%	总分

案例拓展

扫描下方的二维码观看《流浪地球》的 H5 相关宣传作品。

强交互类 H5 作品策划与制作

项目六

讨论思考：

　　《待春暖花开，愿所求皆所愿》与《流浪地球》同为强交互类 H5 作品，二者的策划思路与交互设计方式有什么主要差异？